Sitzungsberichte
der Akademie der Wissenschaften
der DDR
Mathematik – Naturwissenschaften – Technik

2N

1976

Bruchforschung

AKADEMIE-VERLAG · BERLIN

Sitzungsberichte
der Akademie der Wissenschaften der DDR
Mathematik — Naturwissenschaften — Technik

Jahrgang 1976 · Nr. 2/N

Bruchforschung

AKADEMIE-VERLAG · BERLIN
1976

Vorträge, die in den Sitzungen
der Klasse Werkstofforschung
am 7. März und 4. April 1974
gehalten wurden.

Herausgegeben im Auftrage
des Präsidenten der Akademie
der Wissenschaften der DDR
von Vizepräsident Prof. Dr. Heinrich Scheel

Erschienen im Akademie-Verlag, 108 Berlin, Leipziger Str. 3–4

Lizenznummer: 202 · 100/168/76
Gesamtherstellung: VEB Druckhaus Köthen
Bestellnummer: 753 068 2 (2010/76/2/N) · LSV 1185
Printed in GDR
EVP: 9,–

Inhalt

Werner Lange
Vorwort 5

Heinz Bethge
Zur Einleitung 6

Volker Schmidt
Aktuelle Probleme der Bruchforschung 11

Friedrich Schlät
Umgebungsabhängiger Bruch 28

Meinhard Kuna
Anwendung der Methode der finiten Elemente in der Bruchmechanik 44

Volker Schmidt
Fraktographie 64

Gerhard K. Schmidt
Ver- oder Entfestigung und Mikrorißbildung bei mechanischer Wechselbeanspruchung 69

Günter Schott
Rißausbreitung bei mechanischer Wechselbeanspruchung 78

Werner Lange

Vorwort

Die Bemühungen um die Einsparung von Werkstoffen müssen eng verbunden werden mit Untersuchungen zu den Vorgängen, die zu ihrem Versagen beim technischen Einsatz führen können. Das bedeutet vor allem, die Kenntnisse über das Bruchverhalten der Werkstoffe und die den Bruch auslösenden Faktoren zu erweitern. Dann wird der Konstrukteur immer besser in der Lage sein, die Funktion der von ihm zu entwerfenden Erzeugnisse mit einem Minimum an Werkstoffen unter Ausnutzung deren Leistungsfähigkeit zu verwirklichen. Das Studium der den Bruch auslösenden Vorgänge ist sowohl für den Werkstofferzeuger als auch den -verbraucher ein wirksames Mittel, Wege zur Verringerung der Bruchanfälligkeit zu finden. Dies kann einmal durch Veränderungen im Werkstoff selbst, zum anderen durch Veränderungen der Beanspruchungsbedingungen erreicht werden. In den folgenden, vor der Klasse Werkstofforschung der Akademie der Wissenschaften, gehaltenen Vorträgen werden der Stand der Forschung auf diesem Gebiet dargestellt und Ansatzpunkte für weitere erfolgversprechende Arbeiten abgeleitet.

Heinz Bethge

Zur Einleitung

Wir sind erfreut, daß unser Vorsitzender, Herr Prof. Lange, die Anregung aufgegriffen hat, gelegentlich die Klasse „Werkstofforschung" in einem Institut zur monatlichen Sitzung zusammenkommen zu lassen. Es bietet sich dabei die Möglichkeit, daß jüngere Mitarbeiter der Institute zu Wort kommen, und es ergibt sich auch die Gelegenheit, in einem Institut die zum Thema der Sitzung gehörenden Arbeiten im Laboratorium kennenzulernen.

Die heutige Sitzung hat Vorträge zum Thema „Bruchforschung" zum Inhalt. Ich möchte einleitend knapp darauf eingehen, wie wir hier am Institut für Festkörperphysik und Elektronenmikroskopie zur Bruchforschung gekommen sind. Wenn ich gleich eine Aussage voranstellen darf: Wir sind nicht planmäßig und sehr gezielt in diese Richtung gegangen, unsere Arbeiten hatten ihren Anfang in Beobachtungen, die im Zusammenhang mit einer ganz anderen Problematik angestellt wurden, uns dann aber vor Fragen stellten, die nur mit sehr detaillierten Vorgängen bei der Ausbreitung eines Bruchvorganges erklärt werden konnten.

In Halle hatte Smekal nahezu 20 Jahre lang an der Universität gewirkt, und hier in Halle wurden die Begriffe „strukturempfindliche Eigenschaften" und „Lockerstelle" geprägt. Nach den Smekalschen Vorstellungen sollten in einem Kristall innere Hohlräume vorliegen, die in ihren Abmessungen in einer dem Elektronenmikroskop zugänglichen Größe zu erwarten waren. Wir begannen unsere Arbeiten mit der einfachen Zielstellung, auf Spaltflächen von Kristallen nach solchen inneren Hohlräumen zu suchen unter Anwendung der besten Techniken zur Oberflächenabbildung. In der Smekalschen Tradition fortfahrend, wählten auch wir als Modellsubstanz den NaCl-Kristall. Wir fanden gelegentlich auch Strukturen, die etwas in die Zielrichtung wiesen, aber es wurde uns bald klar, daß dem Zustand der Oberfläche eine besondere Bedeutung zukommt.

Ende der 50er Jahre erschienen dann aus zwei renommierten Instituten Mitteilungen, die Oberflächeneffekte in Betracht zogen, uns aber nicht ganz verständlich erschienen. Von einer belgischen Gruppe wurde berichtet, daß beim

Experimentieren mit einem NaCl-Kristall in freier Atmosphäre wahrscheinlich Stickstoff in den Kristall eindiffundiert und das Ausheizen eines solchen Kristalls unter Vakuum und anschließende Verformung unter Vakuum höhere Festigkeitswerte ergibt. Eine englische Arbeit beschrieb, daß es auf NaCl-Kristallen nicht möglich ist, Gleitlinien zu beobachten und angenommen werden muß, daß Kontraktionsspannungen in der Oberfläche das Durchtreten der gleitenden Versetzung zur Oberfläche verhindern.

Um hierzu Klarheit zu gewinnen, vergab ich als Thema einer Diplomarbeit, die Kristalle unter Vakuum zu spalten, die Kristalle im gleichen Vakuum zu deformieren und die Oberfläche mit der damals gerade bekannt gewordenen Dekorationstechnik abzubilden. Aus zuvor bekannten und auch von uns durchgeführten Untersuchungen wurden Strukturen, wie sie die Abb. 1 zeigt, als Spaltstrukturen bezeichnet; die Kristalle waren hierzu einfach in freier Atmosphäre gespalten und dann zur Ausführung der Dekoration und zum Aufdampfen des Abdruckfilms unter Vakuum gebracht. Wir waren nun sehr überrascht, als ein unter Vakuum gespaltener Kristall eine völlig andere Spaltstruktur

Abb. 1. „Spaltstrukturen" auf der an freier Atmosphäre erzeugten Bruchfläche eines NaCl-Kristalls. Elektronenmikroskopische Abbildung; Golddekoration

(Abb. 2) zeigte. Es war schnell zu sichern, daß die Stufen der blitzförmig verlaufenden Spaltstruktur nur die Höhe von einem Netzebenenabstand hatten, und wir bezeichneten diese Strukturen deshalb als „elementare Spaltstrukturen“.

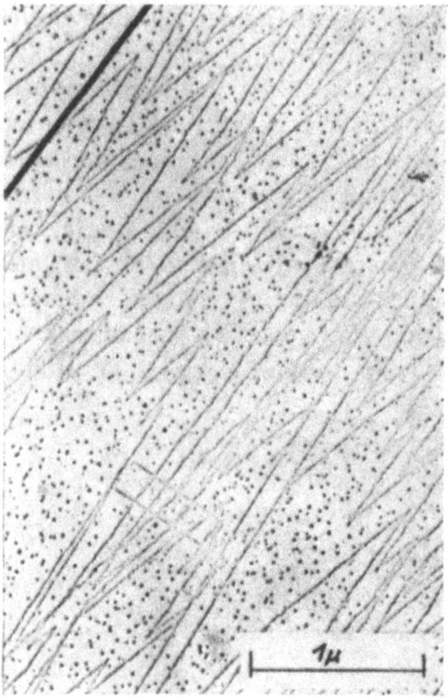

Abb. 2. Elementare Spaltstrukturen auf einer unter Vakuum erzeugten Bruchfläche von Ionenkristallen (NaCl). Elektronenmikroskopische Abbildung; Golddekoration

Mit einigen Worten sei noch auf die Strukturen gemäß Abb. 1 eingegangen. Bei der Spaltung in freier Atmosphäre kondensiert auf dem Kristall sofort Wasserdampf, der zu einer Anlösung einer Oberflächenschicht führt. Beim Einbringen in ein Vakuum rekristallisiert die zuvor gelöste Oberflächenstruktur, und, bedingt durch Randspannungen, entstehen die gekrümmt verlaufenden Stufenstrukturen. Die Bezeichnung „Spaltstrukturen“ war also völlig falsch. Mit dem Anlösungseffekt ist auch klar, daß Gleitlinien auf einem NaCl-Kristall schlecht, oftmals auch gar nicht zu beobachten sind. Wird dagegen unter Vakuum verformt und ohne Unterbrechung des Vakuums eine NaCl-Oberfläche dekoriert, dann ist die denkbar beste Abbildung von Gleitstufen einzelner Versetzungen möglich. Die von der belgischen Gruppe beschriebenen Experimente konnten nicht bestätigt werden; auch hier sollte es sich um wenig definierte Einflüsse der Atmosphäre auf die Kristalloberfläche handeln.

Es war uns sofort klar, daß zur Entstehung der elementaren Spaltstruktur die Kinetik der Rißausbreitung in einem Kristall die entscheidende Rolle spielen sollte. Für die ersten Ansätze einer Deutung kamen uns einige von Fall zu Fall aufzufindende Strukturen zu Hilfe, wie sie die Abb. 3 zeigt. Die Pfeile geben in beiden Beispielen die Richtung des Spaltrisses an. Unter einem Winkel von etwa 45° zur Spaltrichtung verläuft jeweils die Spur einer Gleitlinie, die aber nur stückweise vorliegt. In der Rißfront wurde hier eine Versetzung mitgeführt, die alternierend der Rißfront etwas vorauslief, dann etwas hinter der Rißfront zurückblieb, um erneut dem Riß wieder voranzulaufen. Wir sagen, Strukturen gemäß Abb. 3 entstehen, wenn eine vom Riß mitgeführte Versetzung in der Rißfront pendelt. Dieser Fall der pendelnden Versetzung ist ein Sonderfall der allgemeineren Kinetik zur Entstehung der elementaren Spaltstruktur. Ohne auf die publizierten Einzelheiten einzugehen [1], sei hier nur

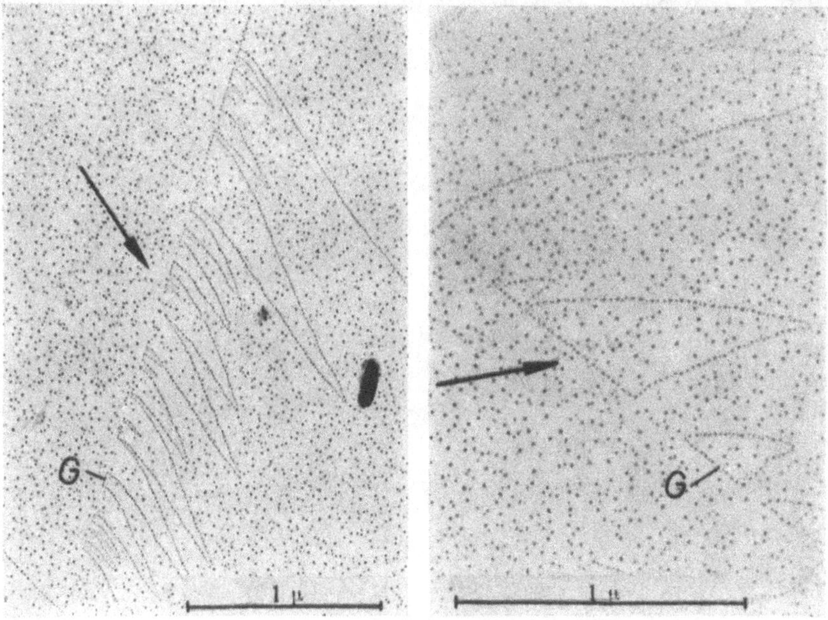

Abb. 3. Auf den Spaltflächen von Ionenkristallen (NaCl) aufzufindende Strukturen, die durch im Rißgrund oszillierende und in Gleitebenen bewegte Versetzungen erzeugt werden. Elektronenmikroskopische Abbildung; Golddekoration nach Vakuumspaltung

das Prinzipielle hervorgehoben. Gegeben durch den Spannungsverlauf im Rißgrund, werden von der Rißfront erreichte, in bestimmten Gleitebenen liegende Versetzungen mitgeführt, und es läßt sich ein detailliertes Modell für die Wechselwirkung angeben, das zur Entstehung der elementaren Spaltstruktur führt. Notwendig war, genaueres über die Spannungsverteilungen im Rißgrund zu erfahren und auch die Deutung zu finden für die Abhängigkeit der in der Spaltstruktur zu messenden Winkel in den Spitzen der Spaltstufen in Abhängigkeit von der Rißgeschwindigkeit. Hierüber wird Herr Dr. Schmidt in seinem Vortrag noch einiges sagen.

Mir kam es hier einleitend darauf an, deutlich zu machen, wie doch eigentlich häufig Ansätze für weittragende Probleme und Arbeitsrichtungen aus zunächst ganz anders angesetzten Zielrichtungen sich ergeben.

Literatur

[1] Bethge, H., Proc. Conf. on Physical Basis of Yield and Fracture, Oxford 1966, S. 17–23.

Volker Schmidt

Aktuelle Probleme der Bruchforschung

1. Einführung

Aufgabe der Bruchforschung ist es, die physikalischen Zusammenhänge und Bedingungen für die Rißentstehung und -ausbreitung zu beschreiben, um damit Festigkeitskriterien herzuleiten und eine Festigkeitsoptimierung aller Arten von Werkstoffen für ihren Einsatz in der Technik zu ermöglichen. Diese Aufgabe ist sehr vielfältig. Ich möchte das an Hand einiger grundlegender Gleichungen erläutern, die für spröde Körper gelten.

Die Zerreißfestigkeit σ_i eines defektfreien, rein spröden Körpers, dessen Atombindungen überall gleichmäßig und gleichzeitig beansprucht werden, ist näherungsweise gegeben durch:

$$\sigma_i \approx \left(\frac{E\gamma_B}{a}\right)^{1/2} \approx \frac{E}{10} \cdots \frac{E}{20}$$

Darin sind E der Elastizitätsmodul ($E \approx 10^3$—10^4 kp/mm^2), γ_B die spezifische Bruchenergie, wobei in rein spröden Körpern gilt $\gamma_B = \gamma_i$ (γ_i — spezifische Oberflächenenergie) und a die Gitterkonstante. Enthält dagegen der Körper einen Riß der Länge 2 c, dann ist die Bruchspannung σ_B bis zu einige Größenordnungen geringer und gegeben durch

$$\sigma_B = \left(\frac{2E\gamma_B}{\pi c}\right)^{1/2} \approx \left(\frac{E\gamma_B}{a}\right)^{1/2} \cdot \left(\frac{a}{c}\right)^{1/2} \approx \sigma_i \left(\frac{a}{c}\right)^{1/2},$$

$$\text{d.h. } \sigma_B \approx 10^{-2}\sigma_i; \text{ für } c \approx 10^4\, a \approx 3\,\mu m$$

Die atomaren Bindungen am Rißrand sind bei Belastung des spröden Körpers für solche Mikrorisse bereits um mindestens zwei bis drei Größenordnungen stärker beansprucht, als die Bindungen in größerer Entfernung vom Riß, was die Bruchspannungserniedrigung verursacht.

Heute weiß man, daß solche festigkeitsreduzierenden Mikrorisse in der Größenordnung von µm durch lokale plastische Verformungen in einem zuvor rißfreien kristallinen Körper gebildet werden können, und daß diese Vorgänge bei örtlich vorhandenen Spannungen von der Größe der Fließspannung beginnen.

Neugebildete Mikrorisse oder bereits vorhandene Risse breiten sich aus, wenn die für ein Vorrücken des Risses notwendige Bruchenergie durch dabei freiwerdende potentielle Energie (Verzerrungsenergie der belasteten Probe) aufgebracht werden kann. In ideal spröden Körpern wird die Bruchenergie durch die Kohäsion bestimmt: $\gamma_B = \gamma_i$, während in Werkstoffen mit ausgeprägter Fließspannung die Bruchenergie vom Ausmaß der plastischen Deformation in der Umgebung der Rißspitze abhängt: $\gamma_B = \gamma_i + \gamma_p$, wobei γ_p den plastischen Anteil der spezifischen Bruchenergie beschreibt.

Man kann die verschiedenen Werkstoffe etwa folgendermaßen gruppieren:

Spröde Körper:	$\gamma_B \approx \gamma_i$; bzw. $\gamma_p \approx 0$	(z. B. Si, Ge),
halbspröde Körper:	$\gamma_B \approx 20\gamma_i$; bzw. $\gamma_p = 20\gamma_i$	(z. B. Ionenkristalle),
relativ duktile Körper:	$\gamma_B \approx 200\gamma_i$	(z. B. Weicheisen bei -150 °C),
stark duktile Körper:	$\gamma_B \approx 2000\gamma_i$	(z. B. Weicheisen bei R.T., Cu u. a.).

Während also durch Mikrorißbildung infolge plastischer Prozesse die Bruchfestigkeit gegenüber einer idealen Zerreißfestigkeit um einige Größenordnungen ($\gtrsim 10^2$) herabgesetzt werden kann, bewirkt Relaxation in der plastischen Zone wiederum eine gewisse Erhöhung der Bruchfestigkeit um maximal einen Faktor von etwa 40, entsprechend der oben beschriebenen Abhängigkeit von γ_B. Eine große Bruchwiderstandskraft bzw. Bruchzähigkeit kann also durch starke plastische Relaxation in Rißumgebung erreicht werden. Damit ist auch deutlich, daß große Schwankungen des Festigkeits- und Bruchverhaltens von Werkstoffen möglich sind, wenn ihre plastischen Eigenschaften Änderungen erfahren. Beispielsweise kann eine lokale Versprödung der Umgebung einer Riß- (bzw. Mikroriß-)spitze z. B. durch den Einfluß eines dafür wirksamen umgebenden Mediums die Bruchfestigkeit erheblich herabsetzen. Solche Änderungen plastischer Eigenschaften während des Einsatzes oder durch Schwankungen im technologischen Herstellungsprozeß u. a. waren und werden auch weiterhin noch Ursache für z. T. folgenschwere Katastrophen in der Technik sein.

Die Bruchforschung wird damit zwangsläufig vor das Problem gestellt, alle mit plastischer Deformation verknüpften Prozesse zu beschreiben, die zur Rißbildung und zur Erhöhung der Bruchzähigkeit führen, und Mechanismen anzugeben, die zur Festigkeitsverbesserung von Werkstoffen beitragen. Es ist, wenigstens in den Grundlagen, heute verständlich, daß und wie Festigkeit und Duktilität kristalliner Werkstoffe abhängt von Konzentration und Eigenschaften atomarer Verunreinigungen, Versetzungen und mikroskopischer Ausscheidungen, von der Korngröße, der Grenzflächenenergie der Körner und Ausscheidungen, was wiederum u. a. von atomaren Verunreinigungen stark beeinflußt wird (Korngrenzenversprödungseffekte u. a.), von Gittereigenschaften und der Zahl aktivierbarer Gleitebenen, vom Diffusionsverhalten, von der Temperatur, Art und Dauer der Belastung, Belastungsrate, Wechsellastzahl, von Umgebungseinflüssen (Korrosion u. a.) und von der Hetero- bzw. Homogenität der Körper. Trotz der Mannigfaltigkeit der Vorgänge gibt es gegenwärtig beachtliche Fortschritte in der Erkenntnis und, umgemünzt, in festigkeitsverbessernden Maßnahmen. Für nichtkristalline Körper (Glas u. a.) sind Grundlagen für ein Verständnis z. B. der Zeitstandfestigkeit erst noch zu erarbeiten. Die experimentelle Untersuchung solch atomarer Vorgänge ist oft nur mit hohem gerätetechnischem Aufwand möglich, z. B. mit Hilfe der Transmissions-, Raster- und Höchstspannungselektronenmikroskopie, der Augerspektroskopie, hochgezüchteter Analysengeräte u. a.

Zur genannten Problematik „atomare bzw. plastische Vorgänge in Rißumgebung" sind in den vergangenen Jahren in unserem Institut Untersuchungen durchgeführt worden. Darauf will ich, um die Wirksamkeit solch atomarer Prozesse zu erläutern, im folgenden eingehen.

2. Untersuchung der elementaren Spaltstufen

Wir hatten vor einigen Jahren im Elektronenmikroskop die atomar hohen Stufen auf Bruchflächen von Ionenkristallen durch Anwendung der Golddekorationsmethode und bei Spaltung der Kristalle im Vakuum untersucht. Es war klar, daß die beobachtbare atomare Struktur auch direkte Hinweise auf atomare Vorgänge an der Rißspitze, sofern solche ablaufen, liefern mußte; z. B. bei Durchschneidung von Versetzungen durch die Rißfront können Stufen von der Höhe des Burgersvektors entstehen. Diese Methode zur Erfassung atomarer bzw. plastischer Vorgänge bei Rißausbreitung war neu. Es wurden die Rißgeschwindigkeiten der Proben (NaCl u. a.) gemessen (siehe Abb. 1) und nach Beziehungen zwischen Rißgeschwindigkeit und Spaltstruktur und nach Beziehungen zwischen Spaltstruktur und Versetzungsprozessen in der plastischen Zone um die Rißspitze gesucht. Die elementare, einen Netzebenenabstand hohe Spaltstruktur hat das Aussehen wie in Abb. 2.

Bei hohen Rißgeschwindigkeiten in der Nähe der Maximalgeschwindigkeit (Rayleighwellengeschwindigkeit) geht der Winkel α gegen Null. Bis herauf zu nahezu maximalen Rißgeschwindigkeiten ($\approx 1{,}5 \cdot 10^5$ cm/s) sind Oberflächenstrukturen vorhanden, die durch Mitführen von Versetzungen mit dem Riß und Schwingungen der Versetzungen in der Rißspitze entstehen.

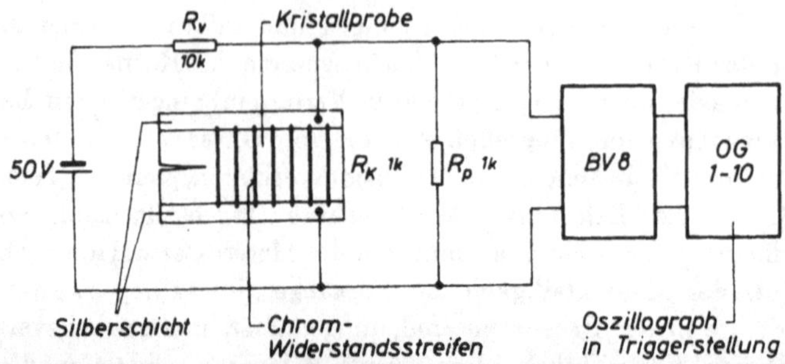
R_v
10k
Kristallprobe
50V
R_K 1k
R_p 1k
BV8
OG
1-10
Silberschicht
Chrom-
Widerstandsstreifen
Oszillograph
in Triggerstellung

Abb. 1

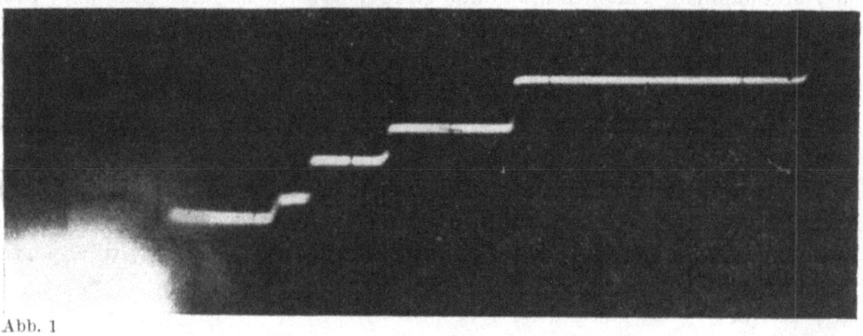

Abb. 2

1μ

Damit war nachgewiesen, daß selbst in den spröden Ionenkristallen eine plastische Zone um die Rißspitze bis herauf zu maximaler Rißgeschwindigkeit existiert.

3. Beschreibung der Versetzungsprozesse in der plastischen Zone

Der nächste Schritt bestand in der Beschreibung der Versetzungsbewegung in der plastischen Zone in Abhängigkeit von der Rißgeschwindigkeit.

Es war notwendig, die Schubspannungsfelder für die Versetzungsbewegung in Rißumgebung zu bestimmen und daraus aufgezwungene Versetzungsbewegungen in der Rißspitze theoretisch zu beschreiben. Die Spannungsfelder in Rißumgebung wurden zunächst spannungsoptisch (Abb. 3) am ruhenden und langsam bewegten Riß untersucht.

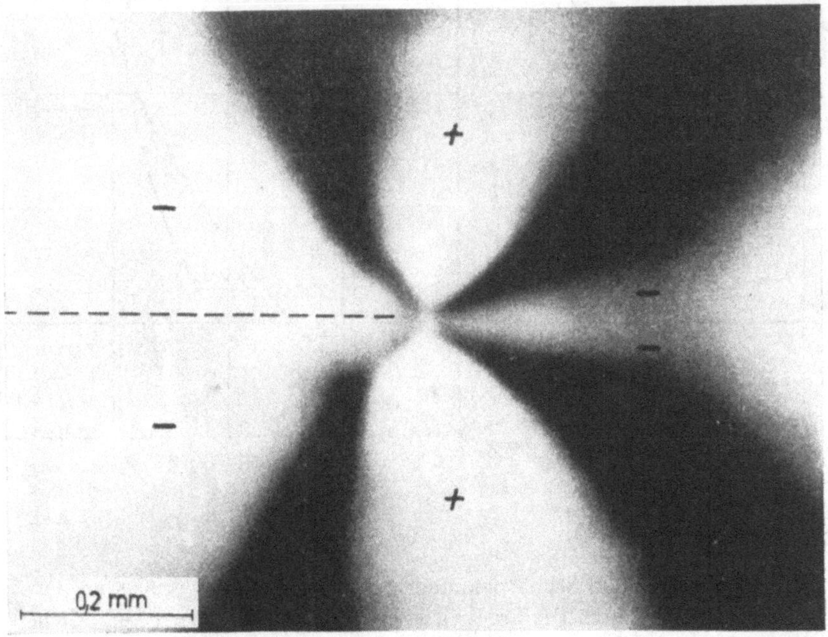

Abb. 3. Spannungsoptische Erfassung der Spannungen in der Umgebung einer Rißspitze in Ionenkristallen (NaCl, LiF)

Abb. 1. Schaltschema und Oszilligramm der Rißgeschwindigkeitsmessung

Abb. 2. Elektronenmikroskopische Aufnahme der elementaren atomar hohen Stufen auf Bruchflächen von Ionenkristallen (z. B. NaCl). Die divergenten Stufen schließen einen Winkel 2α ein. Der Pfeil liegt in Rißausbreitungsrichtung

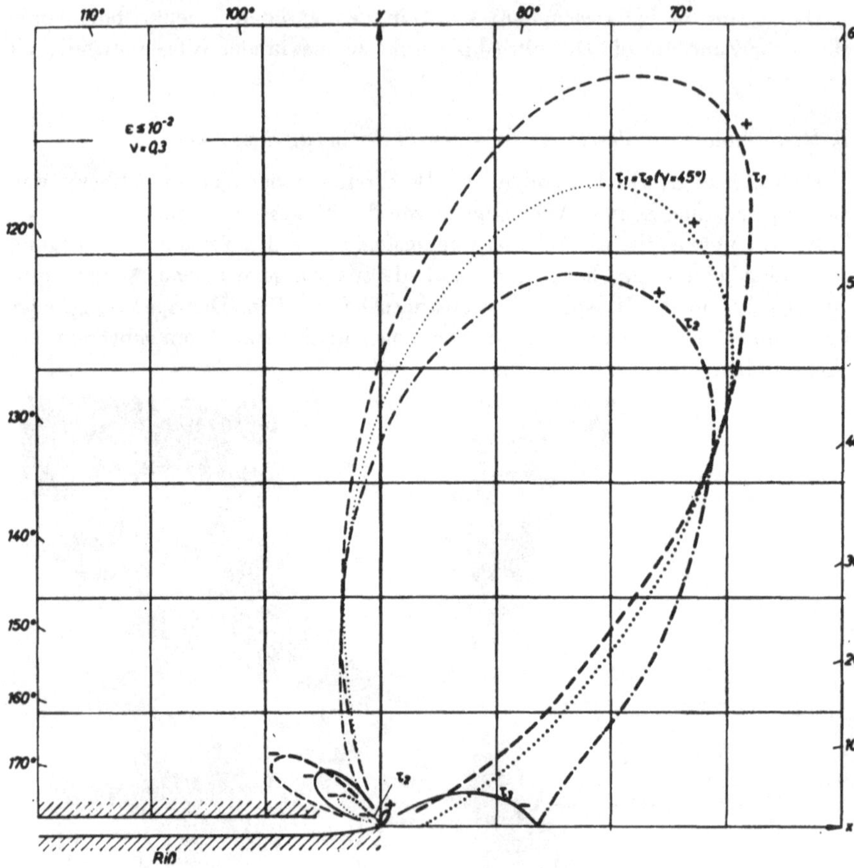

Abb. 4a

Es zeigte sich, daß Schubspannungen wechselnden Vorzeichens an der Rißspitze vorhanden sind. Die Ergebnisse wurden mit der Theorie verglichen. Wie sich dabei erwies, konnte die isotrope Elastizitätstheorie mit hinreichender Genauigkeit angewendet werden. Die Spannungen wurden daraufhin theoretisch bestimmt für den quasistatischen und relativistischen Geschwindigkeitsbereich. Die Ergebnisse sind in Abb. 4 a und 4 b dargestellt. Wir sehen Gebiete wechselnden Vorzeichens. Aus Überlegungen, auf die ich hier nicht näher eingehe, folgt daraus die Art der Versetzungsbewegung innerhalb der plastischen Zone um den Riß [1].

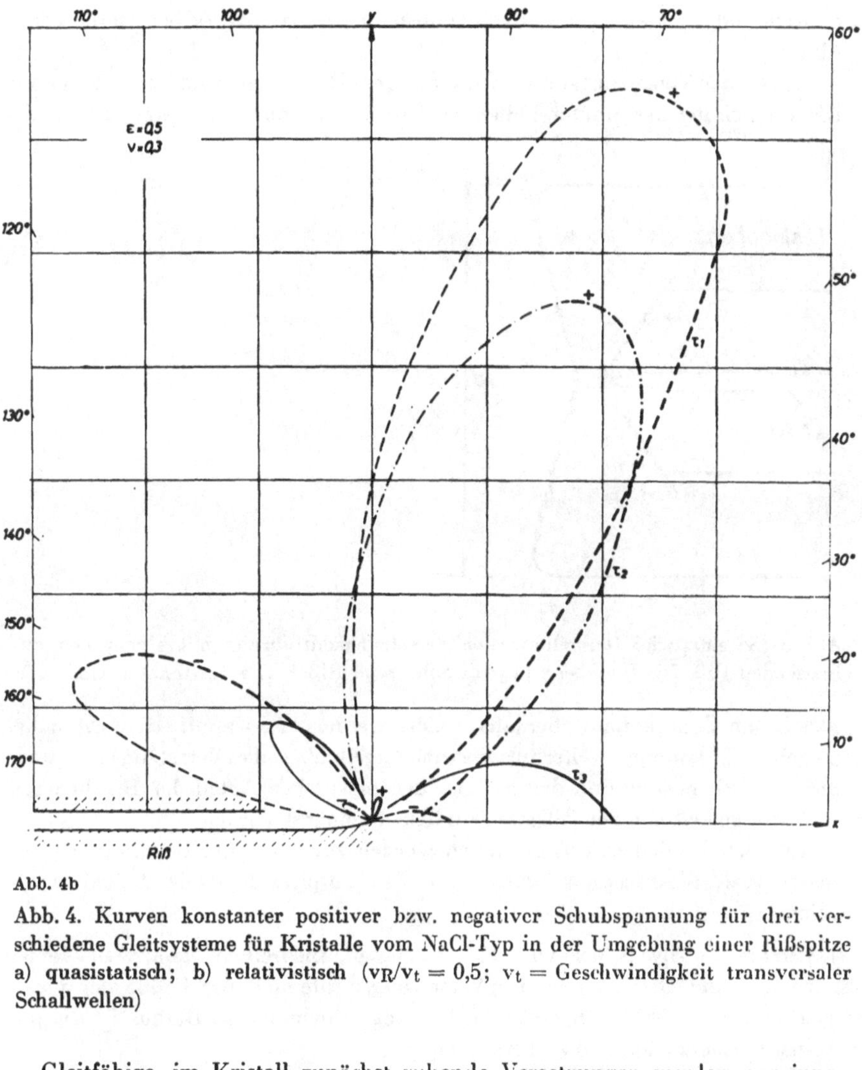

Abb. 4b

Abb. 4. Kurven konstanter positiver bzw. negativer Schubspannung für drei verschiedene Gleitsysteme für Kristalle vom NaCl-Typ in der Umgebung einer Rißspitze a) quasistatisch; b) relativistisch ($v_R/v_t = 0{,}5$; v_t = Geschwindigkeit transversaler Schallwellen)

Gleitfähige, im Kristall zunächst ruhende Versetzungen werden nur innerhalb einer „Barrierenbreite" d mit dem Riß mitbewegt (Abb. 5). Oberhalb und unterhalb der Bruchebene werden dabei auf den entsprechenden Gleitebenen Versetzungsfäden gebildet, die bei gleichförmiger Geschwindigkeit exakt parallel zur Bruchfläche verlaufen und jeweils den ruhend verbleibenden mit dem mitbewegten Abschnitt der Versetzungen verbinden. Dabei ist gesondert die positive und die kleinere negative Schubspannungsbarriere zu betrachten (siehe Abb. 5).

Die Art der Versetzungsmitführung mit dem Riß konnte somit erfaßt werden. Die Entstehung der atomar hohen Spaltstrukturen durch Versetzungen in der

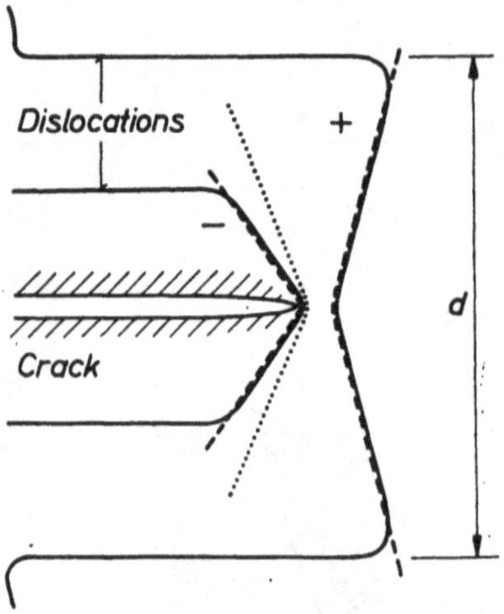

Abb. 5. Schematische Darstellung der Versetzungsmitführung mit einem sich ausbreitenden Riß. Die Bildebene liegt in einer vom Riß z. T. aufgetrennten Gleitebene

plastischen Zone konnte ebenfalls erklärt werden [2], worauf ich nicht näher eingehe. Es konnten weiterhin Abschätzungen über die Versetzungsdichte in der plastischen Zone und daraus über den plastischen Anteil der Bruchenergie in Abhängigkeit von der Rißgeschwindigkeit gemacht werden.

Aufbauend auf diesen Ergebnissen wurden zur vertieften Beschreibung atomarer bzw. plastischer Vorgänge um die Rißspitze folgende Aufgaben abgeleitet:

1. Direkter Nachweis der vom Riß erzeugten, theoretisch erwarteten Versetzungen und Bestimmung der Versetzungsdichte und der Größe der plastischen Zone in Abhängigkeit von der Rißgeschwindigkeit. Daraus ist die plastische Energie am Riß zu berechnen.
2. Untersuchung des Einflusses nichtlinearer Kohäsionsspannungen auf die Spannungen in Rißumgebung.
3. Untersuchung der plastischen Zonen am ruhenden Riß in Abhängigkeit von Belastungsart und Rißebene.
4. Untersuchung des aus der elementaren Spaltstruktur folgenden Klettermechanismus von Rissen aus der kristallografischen Ebene heraus; d. h. Beschrei-

bung der Rißausbreitung in anisotropen Körpern analog zur Versetzungsbewegung durch Bewegung von Jogs.

5. Übertragung der erhaltenen Ergebnisse auf andere Kristallsysteme.

Diese Aufgaben wurden ebenfalls gelöst. Ich gehe hier nur auf 1., 4. und 5. ein.

Zu Punkt 1: Ermittlung von γ_{pe} in Abhängigkeit von der Rißgeschwindigkeit

Aus den genannten Abschätzungen war bekannt, in welchem Bereich die Abstände der vom Riß gebildeten Versetzungen von den Bruchflächen liegen. Experimentell wurden mit Röntgenverfahren (Lang, Berg-Barrett) und mit gezielt veränderten Ätzmethoden die vom Riß gebildeten Versetzungen in Schichten parallel zur Bruchfläche nachgewiesen und die Abhängigkeit der Größe der plastischen Zone und der Dichte der in ihr enthaltenen Versetzungen bestimmt.

In Abb. 6 und 7 sind die während der Rißausbreitung gebildeten, parallel zur Bruchfläche orientierten Versetzungen, durch Ätzen sichtbar gemacht, dar-

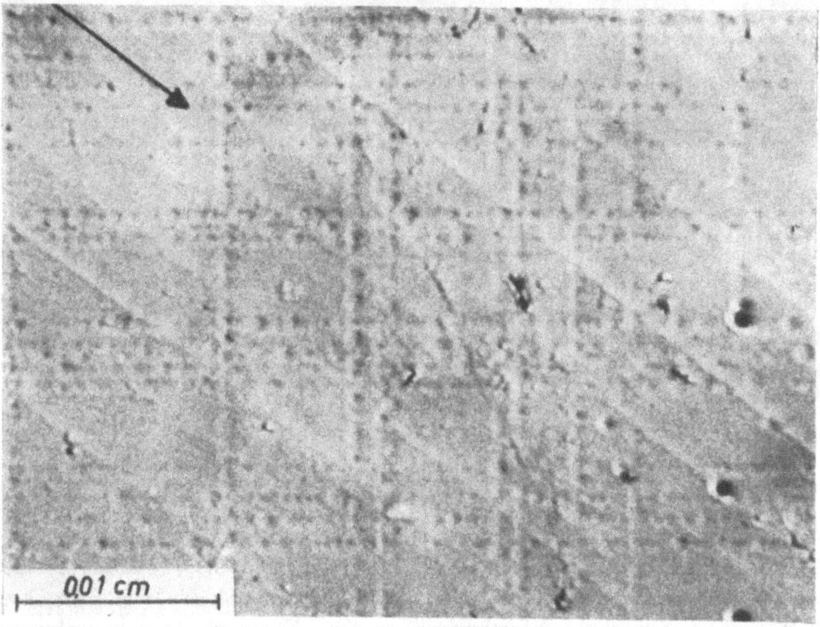

Abb. 6. Durch Ätzen sichtbar gemachte bruchinduzierte Versetzungen, die entlang der vertikalen und horizontalen Ätzgrubenreihen liegen. Die in Pfeilrichtung (Rißausbreitungsrichtung) verlaufenden Linien sind Spaltstufen

gestellt. Jeder Folge dichtliegender Ätzgruben entspricht eine Versetzung. Man sieht senkrecht zueinander angeordnete Ätzgrubenreihen, die jeweils Stufenversetzungen auf zwei verschiedenen Gleitsystemen markieren.

Abb. 7. Durch Ätzen sichtbar gemachte zueinander orthogonale Versetzungen (rechts oben und links; vgl. Abb. 6). Die gegenüber Abb. 6 zusätzlich sichtbaren Linien senkrecht zu Spaltstufen markieren momentane Rißfrontpositionen und entstehen durch Wechselwirkung mit während des Bruchs ausgelösten elastischen Wellen. Entlang dieser Linien wird der Durchmesser der plastischen Zone (z. T. auch die darin enthaltene Versetzungsdichte) sprunghaft verändert

Ursache für die Aufreihung von Ätzgruben sind Bildkräfte (siehe Abb. 8): Eine zunächst parallel zur Bruchoberfläche gebildete Versetzung bewegt sich unter dem Einfluß der Bildkräfte zur Oberfläche, wobei sie an Gleithindernissen lokal hängenbleibt. Es werden schließlich entlang der ursprünglichen Versetzung Ätzgrubenreihen gebildet. Damit ist die Bestimmung der Dichte zur Oberfläche zunächst paralleler Versetzungen möglich. Durch die Ätzuntersuchungen und zum Teil auch durch chemisches Abtragen von Oberflächenschichten konnten ebenfalls die ursprünglichen Abstände der gebildeten Versetzungen von der

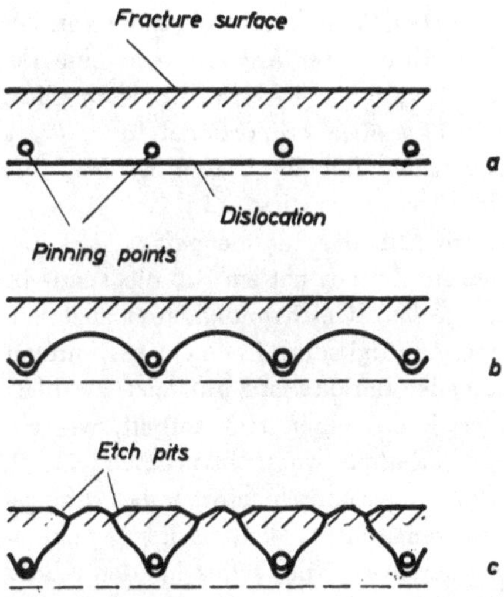

Abb. 8. Schemazeichnung zur Beschreibung der Wirkung von Bildkräften auf die zur Bruchfläche zunächst parallelen Versetzungen

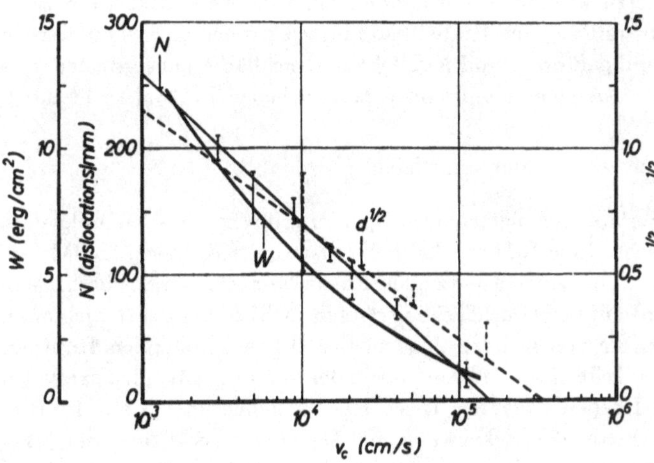

Abb. 9. Experimentell für Ionenkristalle (LiF) ermittelte Rißgeschwindigkeitsabhängigkeiten

a) des Durchmessers d der plastischen Zone (dargestellt ist $d^{1/2}$)

b) der Versetzungsdichte N in der plastischen Zone (gemessen in Zahl der Versetzungen pro Längeneinheit der Rißfront)

c) der durch Versetzungsbewegung und -erzeugung in der plastischen Zone verbrauchten Energie W ($W = \gamma_p$)

Bruchfläche und somit die Größe der plastischen Zone in Abhängigkeit von der Rißgeschwindigkeit bestimmt werden. Mit Hilfe dieser Angaben war eine Berechnung des plastischen Anteils der Bruchenergie (γ_p = W in Abb. 9) möglich. Der plastische Anteil der Bruchenergie nimmt etwa proportional $\ln^2 v_R/v_{Ray}$ (v_R = Rißgeschwindigkeit) mit der Rißgeschwindigkeit ab und ist Null bei maximaler (Rayleighwellen-)Geschwindigkeit v_{Ray} des Risses [3].

Die Ergebnisse der Untersuchung sind in Abb. 9 zusammengefaßt. Aus diesem Resultat ergeben sich drei Konsequenzen. Erstens hat ein Riß die Tendenz, einmal in Bewegung gesetzt, zunehmend größere Geschwindigkeiten anzunehmen, da der plastische Anteil der Bruchenergie (und somit in einem bestimmten Intervall auch die Gesamtenergie) eine fallende Charakteristik aufweist; zweitens kann sich ein bruchzähes duktiles Material, das einen Riß enthält, wie ein sprödes, weit weniger bruchfestes Material verhalten, wenn entsprechende, auch momentane Belastungsraten und -höhen bruchmechanisch sofort hohe Anfangsrißgeschwindigkeiten bewirken (strain-rate sensitivity); drittens liegt vollkommene Sprödigkeit (Anteil der plastischen Energie = Null) selbst bei den relativ spröden Körpern erst bei maximaler Rißgeschwindigkeit vor. Diese Abhängigkeiten in Abb. 9 sind theoretisch z. T. verständlich.

Abschließend hierzu wird ein kürzlich erhaltenes Bild (siehe Abb. 10) gezeigt. In direkter Durchstrahlung im Höchstspannungselektronenmikroskop werden hier die vom Riß mitgeführten und parallel zur Bruchfläche angeordneten Versetzungen sichtbar, was ebenfalls die oben beschriebenen Ergebnisse bestätigt.

Zu Punkt 4: Klettermechanismus von Rissen

Der typische Verlauf der elementaren Spaltstruktur hat uns auf folgendes aufmerksam gemacht: Eine Rißfront kann in anisotropen Körpern, ähnlich wie es Versetzungen tun, aus einer bevorzugten Ebene herausklettern. Oberflächenstufen (Spaltstufen) auf der Bruchfläche verlaufen in Richtung der Trajektorien der Bewegung der sie erzeugenden Jogs in der sich ausbreitenden Rißfront, wobei ein Jog zwei Teile einer Rißfront verbindet, die in zueinander parallelen kristallografischen Ebenen verlaufen. Diese Jogs entstehen im Verlauf der Rißausbreitung z. B. durch Wechselwirkung mit Defekten (Versetzung u. a.) zumeist als Doppeljogs, aber auch als Einzeljogs oder auch durch Wechselwirkung mit Phononen, weiterhin durch Auslösung des Bruches gleichzeitig in verschiedenen parallelen kristallographischen Ebenen. Die sich bewegende Rißfront klettert aus ihrer kristallographischen Ebene (siehe Abb. 11) durch tangentiale Bewegung dieser Jogs in der Rißfront heraus, ohne selbst dabei eine dazu geneigte Ebene auftrennen zu müssen, was aus energetischen Gründen nicht möglich wäre. Anlaß dazu ist eine Neigung der brucherzeugenden Hauptnormal-

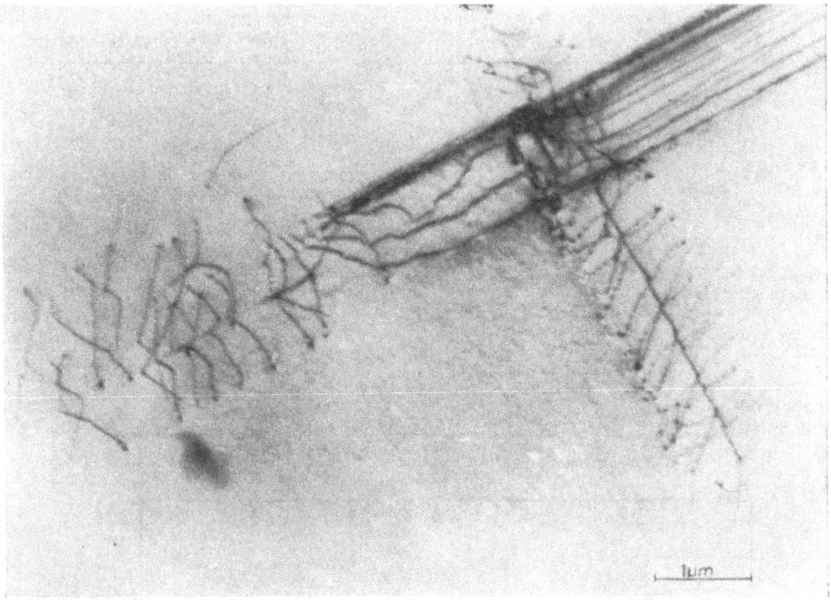

Abb. 10. Höchstspannungselektronenmikroskopische Durchstrahlungsaufnahme eines Risses in MgO (NaCl-Typ). Die starke von rechts oben nach links unten (Mitte) verlaufende dunkle Linie stellt den Riß dar. Man erkennt parallel zum Riß verlaufende bruchinduzierte Versetzungen (wie im Schema der Abb. 5) und vor der Rißspitze liegende Versetzungen[1]

spannung lokal um γ gegen das Lot (bzw. eine zusätzliche Spannung auf den Riß senkrecht zur Spaltebene). Es läßt sich zeigen, daß bei Wirksamkeit eines solchen atomaren Klettermechanismus folgende Beziehungen existieren [4]:

$$\tan\gamma = \frac{V_{kl}}{V_R} = \frac{hC_j V_j}{V_R} = hC_j \tan\alpha \approx \frac{\tau_{xy}}{\sigma_{xx} - \sigma_{yy}}$$

Dabei sind v_{kl} und v_R die zueinander senkrecht orientierten Kletter- bzw. Rißgeschwindigkeiten, h, C_j, v_j Höhe, Konzentration und tangentiale Geschwindigkeit der Jogs, und α ist der Winkel zwischen Stufe auf der Bruchfläche und der lokalen Rißausbreitungsrichtung.

Um diesen Sachverhalt zu prüfen, wurde während der Rißausbreitung eine starke Ultraschallbelastung auf die Probe ausgeübt. Die Frequenz betrug 5 MHz. Dann ist $v_{kl} = v_{kl}^{\circ} \cdot \sin \omega t$ und dann sollten sich auch C_j und v_j (bzw. tang α) periodisch ändern. Das wurde in der Tat beobachtet (siehe Abb. 12 u. 13). Die Rißgeschwindigkeiten lassen sich bei diesen Experimenten sehr einfach

[1] Die Aufnahme verdanke ich Herrn Dr. U. Messerschmidt.

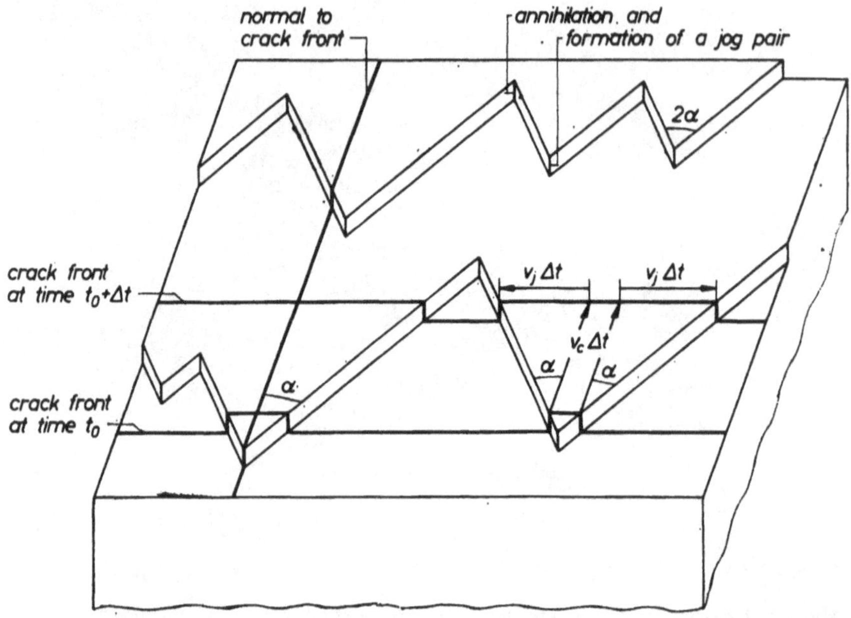

Abb. 11. Schemazeichnung zur Beschreibung des Klettermechanismus von Rissen. Durch Jogbildung und -bewegung klettert eine Rißfront in Richtung senkrecht zur vorgegebenen kristallographischen Spaltebene

aus der „Wellenlänge" der sinusförmig modulierten Stufen auf der Bruchfläche und der Ultraschallfrequenz bestimmen.

Wir wollten mit diesen Experimenten zweierlei erreichen: Periodische Spannungen sollten nicht nur den Jogmechanismus für das Klettern einer Rißfront auslösen, sondern auch periodisch die Versetzungen der plastischen Zone während der Rißausbreitung beeinflussen und die Versetzungsdichte damit auch bestimmbar machen, was hier im einzelnen nicht ausgeführt wird. Das wurde in der Tat auch erreicht, wobei die durch Laserpulse (Spikes) verursachten stärkeren elastischen Wellen verwendet wurden (siehe Abb. 14). Abhängigkeiten der Versetzungsdichten von der Rißgeschwindigkeit wurden bestimmt und die Übereinstimmung mit früheren Ergebnissen festgestellt. Diese Untersuchungen wurden in Cambridge durchgeführt, gemeinsam mit J. E. Field und J. T. Hagan.

Der beschriebene Jogmechanismus bedeutet z. B. auch, daß Oberflächenstufen auf Bruchflächen nicht notwendig senkrecht zur Rißfront, sondern, abhängig von der Klettergeschwindigkeit bzw. Schubspannung, auch geneigt dazu verlaufen können. Innere Eigenspannungsgebiete sollten sich somit aus dem

Abb. 12. Durch Ultraschallbestrahlung während der Rißausbreitung bewirkte sinusförmige Modulation von Stufen (bzw. Jogs) auf der Bruchfläche (LiF, NaCl): Die tangentiale Bewegung der Jogs in der Rißfront wird periodisch moduliert, was Kletterbewegungen zur Folge hat

Verlauf von Oberflächenstufen (bzw. Neigung der Rißfront) erfassen lassen. Die elementare Spaltstruktur, die Stufen infolge Vorhandenseins und der Bewegung von Jogs atomarer Höhe enthält, liefert nach dieser Deutung zugleich ein Modell für die Versetzungsbewegung in Gleitebenen: Auch Versetzungen können durch Doppelquergleitung oder beim Vorhandensein von Einzeljogs aus der Gleitebene herausklettern, wenn „Kletterspannungen" im Quergleitsystem wirksam sind und wenn es sich um reine Schraubenversetzungen handelt.

Zu Punkt 5: Übertragbarkeit der Ergebnisse

Die erhaltenen Ergebnisse sind im wesentlichen auch auf andere Kristallsysteme übertragbar, solange sprödes bzw. halbsprödes Material vorliegt. Dazu wurden die Schubspannungsfelder für kfz, krz, hexagonale, rhomboedrische Kristalle für vorgegebene Rißebenen berechnet. Sehr ähnlich sollten z. B. die Versetzungsvorgänge in α-Fe sein. Zur Beschreibung von Abweichungen ist eine Detaildiskussion notwendig, auf die hier nicht eingegangen werden kann.

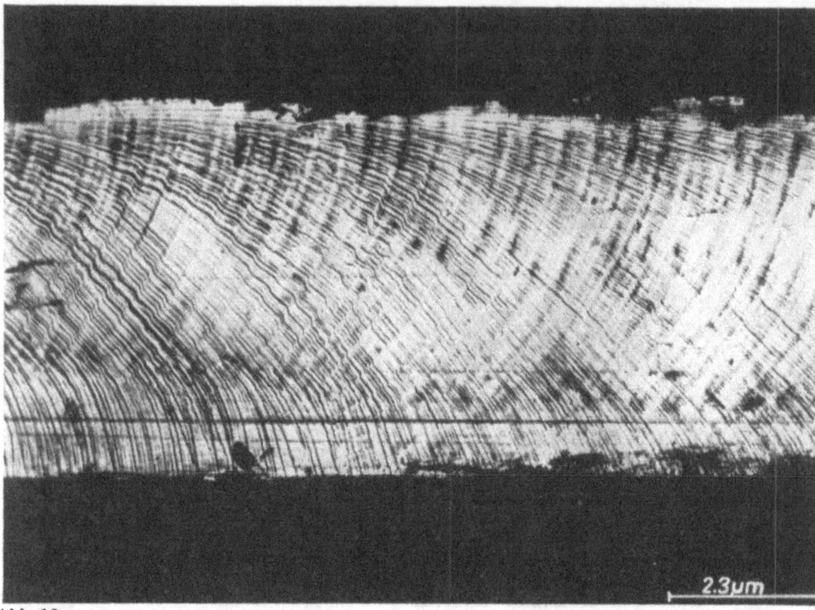

Abb. 13

Abb. 14

Die durchgeführten Untersuchungen haben sich mit Versetzungsprozessen während der Rißausbreitung befaßt, z. Z. laufen Untersuchungen zur Mikrorißbildung und zur Kinetik des Rißwachstums, wozu wir im Rasterelektronenmikroskop während der Beobachtung verformen und zusätzlich elektronenmikroskopische Beobachtungen durchführen. Diese Arbeit erfolgt gemeinsam mit dem Joffe-Institut in Leningrad, wo wichtige Ergebnisse über die Abhängigkeit der Zeit bis zum Bruch von Belastung, Temperatur u. a. erarbeitet wurden. Wir hoffen, einige Grundlagenergebnisse über die Mechanismen bei Rißentstehung und -ausbreitung zu erhalten.

Literatur

[1] Schmidt, V., Physical Basis of Yield and Fracture, Ed. A. C. Stickland, London 1966, S. 24.

[2] Bethge, H., Physical Basis of Yield and Fracture, Ed. A. C. Stickland, London 1966, S. 17.

[3] Schmidt, V., G. Zies, Int. Konf. über den Bruch, München 1973.

[4] Schmidt, V., G. T. Hagan u. J. E. Field, phys. stat. sol. **23** (a), S. 473, 1974.

Abb. 13. Ultraschallmodulation der Rißausbreitung (vgl. Abb. 12). Man erkennt zusätzlich zu Abb. 12 die durch periodische Kletterbewegungen der Rißfront erzeugten „Tal- und Bergniveaus" auf der Bruchfläche, die sich interferenzmikroskopisch einfach nachweisen lassen

Abb. 14. Wirkung starker elastischer Wellen auf Versetzungen in der plastischen Zone sich ausbreitender Risse. Ein auf das Kristallinnere (LiF) fokussierter Laserpuls (Mitte des Bildes) erzeugt einen sich etwa kreisförmig expandierenden Riß. „Spikes" im Laserpuls lösen starke elastische Wellen aus; diese überholen jeweils die Rißfront entlang konzentrischer Positionen. Entlang solcher Positionen liegen dichte Ätzgrubenreihen (d. h. Versetzungen) auf der chemisch geätzten Bruchfläche

Friedrich Schlät

Umgebungsabhängiger Bruch

1. Einleitung

Der ökonomische Einsatz von Konstruktionswerkstoffen erfordert nicht nur eine verstärkte Anwendung höherfester Werkstoffe, sondern auch eine weitgehende Ausschöpfung der Werkstoffeigenschaften. Die mit zunehmender Festigkeit und Belastung steigende Gefahr eines Bruches setzt hier jedoch Grenzen. Fundierte Kenntnisse über das Bruchverhalten der Konstruktionswerkstoffe unter einsatznahen Bedingungen sind daher Voraussetzung für eine den ökonomischen Erfordernissen entsprechende Werkstoffauswahl und Dimensionierung.

Das Bruchverhalten der Konstruktionswerkstoffe wird von einer Vielzahl von Faktoren beeinflußt. Die wesentlichsten sind in Tabelle 1 zusammengestellt. Von dominierendem Einfluß sind in vielen Fällen die Umgebungsbedingungen, die zum vorzeitigen Bruch belasteter Bauteile führen können. Dabei begünstigt die Umgebung eine von der Oberfläche ausgehende Rißbildung und -ausbreitung, die schließlich zum Restbruch des Bauteils führt. Andere durch Einwirkung der Umgebung (abtragende Korrosion, Verzunderung u. ä.) unterstützte Brucherscheinungen sollen hier außer Betracht bleiben.

Abhängig von der Art des Umgebungsmediums und den Belastungsbedingungen neigen nahezu sämtliche Konstruktionswerkstoffe (Metalle, Gläser, keramische Werkstoffe, Kunststoffe) in mehr oder weniger starkem Maße zum umgebungsabhängigen Bruch. Die folgenden Ausführungen sollen sich jedoch auf die volkswirtschaftlich bedeutungsvollste Gruppe der metallischen Konstruktionswerkstoffe beschränken. Besonders starken Einfluß auf das Bruchverhalten metallischer Werkstoffe können gasförmige Medien (Wasserstoff, Schwefelwasserstoff, Wasserdampf) und wäßrige Lösungen ausüben. Aber auch gemeinhin als harmlos angesehene organische Flüssigkeiten können die subkritische Rißausbreitung besonders in hochfesten metallischen Werkstoffen maßgebend bestimmen.

Die durch den umgebungsabhängigen Bruch verursachten Schäden sind in hochindustrialisierten Ländern vergleichbar mit den durch abtragende Korrosion bedingten [1]. Der ökonomischen Bedeutung entsprechend wird diese Problematik im internationalen Maßstab gegenwärtig außerordentlich intensiv bearbeitet. Davon zeugen nicht zuletzt eine Reihe internationaler Konferenzen, die hierzu in den letzten Jahren durchgeführt wurden [2 bis 6].

2. Bedingungen für das Auftreten und Erscheinungsformen des umgebungsabhängigen Bruchs

Der umgebungsabhängige Bruch tritt in statisch wie auch in zyklisch belasteten Konstruktionen auf. Da die Bauteile normalerweise mit Spannungen unterhalb der Streckgrenze belastet sind, handelt es sich um verformungsarme Brüche. Abhängig von den jeweiligen Bedingungen und Mechanismen, die zum Bruch führen, haben sich verschiedene Bezeichnungen für die Bruchphänomene eingebürgert, wie Spannungsrißkorrosion, Wasserstoffversprödung, Laugensprödigkeit, verzögerter Bruch, Schwingungsrißkorrosion, Korrosionsermüdung u. a.

In jedem Fall beinhaltet der umgebungsabhängige Bruch das Zusammenwirken von mechanischen Zugspannungen mit aktiven Umgebungsmedien. Die Zugspannung kann aus äußeren Belastungen resultieren oder durch innere Ursachen bedingt sein (Schrumpfspannungen beim Schweißen, Wärmespannungen, Eigenspannungen durch Phasenumwandlungen oder vorangegangene plastische Verformung).

Unabhängig von den im Einzelfall vorliegenden konkreten Bedingungen durchläuft der umgebungsabhängige Bruch in der Regel die folgenden drei Stadien:

1. Bildung wachstumsfähiger Risse,
2. langsames, subkritisches Rißwachstum,
3. schnelle, instabile Rißausbreitung.

Die Wirksamkeit des Umgebungsmediums beschränkt sich auf die ersten beiden Stadien.

Der umgebungsabhängige Bruch ist ein spezifisches Phänomen. Die Empfindlichkeit macht sich nur bei bestimmten Paarungen Werkstoff — Umgebung bemerkbar. Umgebungsmedien, die auf einen Werkstoff in starkem Maße bruchfördernd wirken, können bei einem anderen Werkstoff wirkungslos sein. So ist weicher unlegierter Stahl im Vergleich zu austenitischen Cr-Ni-Stählen in chloridhaltigen wäßrigen Lösungen relativ beständig, während das Umgekehrte für nitrathaltige wäßrige Lösungen zutrifft.

In Tabelle 1 sind einige technisch interessante zum umgebungsabhängigen Bruch neigende Paarungen zusammengestellt. Innerhalb einer Werkstoffgruppe nimmt die Empfindlichkeit normalerweise mit steigender Festigkeit zu. Die Spezifität geht dabei mehr und mehr verloren, insbesondere unter Bedingungen zyklischer Beanspruchung.

Tabelle 1
Typische Paarungen Werkstoff — Umgebung, die zum umgebungsabhängigen Bruch führen

Werkstoff	Umgebung
Weicher, unlegierter Stahl	Nitrathaltige, wäßrige Lösungen
	Sulfidhaltige, wäßrige Lösungen
	Konzentrierte, alkalische Lösungen
Hochfeste, niedriglegierte Stähle	Wasser
	Chloridhaltige, wäßrige Lösungen
	Sulfidhaltige, wäßrige Lösungen
Niedrigfeste, austenitische Stähle	Chloridhaltige, wäßrige Lösungen
Messing	Ammoniak
Hochfeste Aluminiumlegierungen	Wasser
	Chloridhaltige, wäßrige Lösungen

Das Fortschreiten des umgebungsabhängigen Bruchs in realen Bauteilen ist im Gegensatz zu anderen Formen der Schädigung, etwa der abtragenden Korrosion, meßtechnisch kaum erfaßbar. Schadensfälle treten daher oft unerwartet auf, wobei die Folgeschäden meist weit über den Primärschaden hinausgehen.

Mit Problemen des umgebungsabhängigen Bruchs werden Konstrukteure und Betreiber von Anlagen in den verschiedensten Industriezweigen konfrontiert, insbesondere in den folgenden:

Chemische Industrie
Erdöl- und Erdgastransport und -verarbeitung
Kraftwerksanlagenbau
Schiffbau
Förderanlagenbau
Transportwesen.

3. Mechanismen des umgebungsabhängigen Bruchs

Ein umfassendes Verständnis des umgebungsabhängigen Bruchs erfordert Kenntnisse sowohl über den Vorgang der Rißbildung wie der Rißausbreitung. Beide Vorgänge, die nicht immer voneinander scharf zu trennen sind, werden in außerordentlich komplexer Weise sowohl von werkstoff- wie umgebungsseitigen Faktoren sowie von den Belastungsbedingungen beeinflußt (Tabelle 2). Dabei können in der Rißbildungs- bzw. Wachstumsperiode unterschiedliche Mechanismen wirksam sein. Beispielsweise wird die Spannungsrißkorrosion häufig durch die Lochfraßkorrosion eingeleitet. Abb. 1 illustriert die Komplexität des Bruchgeschehens am Beispiel der Spannungsrißkorrosion metallischer Werkstoffe in wäßrigen Medien [7]. Im Einzelfall kann der eine oder andere Prozeß bzw. Einflußfaktor dominierend sein. Wohl immer ist jedoch lokalisiertes plastisches Fließen und damit verbundene Schaffung frischer Oberflächen von besonderer Bedeutung für das Bruchgeschehen unter Einfluß aktiver Umgebungsmedien [8]. Die frische hochaktive Metalloberfläche kann mit dem Umgebungsmedium in unterschiedlicher Weise reagieren, z. B. in Form verstärkter anodischer Auflösung, Bildung einer spröden Phase und deren darauffolgender spröder Bruch, spezifische Adsorption bestimmter Ionen und damit verbundene Abnahme der Gitterkohäsion, Begünstigung des Wasserstoffeintritts in das Metall und dadurch verursachte Wasserstoffversprödung. Der außerordentlich starke Einfluß bestimmter Beimengungen im Umgebungsmedium, die sowohl bruchfördernd als auch inhibierend wirken können, ist auf Grund von Adsorptionsvorstellungen erklärbar.

Mit dem Ziel der Aufklärung der Bruchmechanismen metallischer Werkstoffe in wäßrigen korrosiven Medien sind in den letzten Jahren zahlreiche Arbeiten an unterschiedlichen Systemen [3, 4, 5] durchgeführt worden, wobei den elektrochemischen Prozessen an der Metalloberfläche bzw. im Riß besondere Beachtung geschenkt wurde. Einen Schwerpunkt bildeten Untersuchungen zur Frage, ob der kathodische oder anodische Teilvorgang des elektrochemischen Prozesses im Riß für die rißwachstumsfördernde Wirkung wäßriger korrosiver Medien verantwortlich ist. Hinsichtlich des Bruches hochfester niedriglegierter Stähle in wäßrigen Medien wird der zur Wasserstoffversprödung führende kathodische Teilvorgang allgemein als maßgebender Prozeß für die Rißausbreitung angesehen. Ähnliche Auffassungen bestehen auch für hochfeste Titanlegierungen, während für hochfeste Aluminiumlegierungen diese Frage noch umstritten ist.

Auf der Grundlage zuverlässiger Kenntnisse über die Bruchmechanismen kann das Werkstoffverhalten beim umgebungsabhängigen Bruch durch Veränderung der Werkstoffeigenschaften, der Umgebungsbedingungen oder anderer Maßnahmen zielgerichtet beeinflußt werden. Die technische Beherrschung des umgebungsabhängigen Bruchs erfordert aber darüber hinaus, daß dem Konstrukteur und Anwender von Konstruktionswerkstoffen Kenndaten zur Verfügung stehen, die eine beanspruchungsgerechte Materialauswahl und Dimensionierung sowie Aussagen über die Lebensdauer und Sicherheit von Kon-

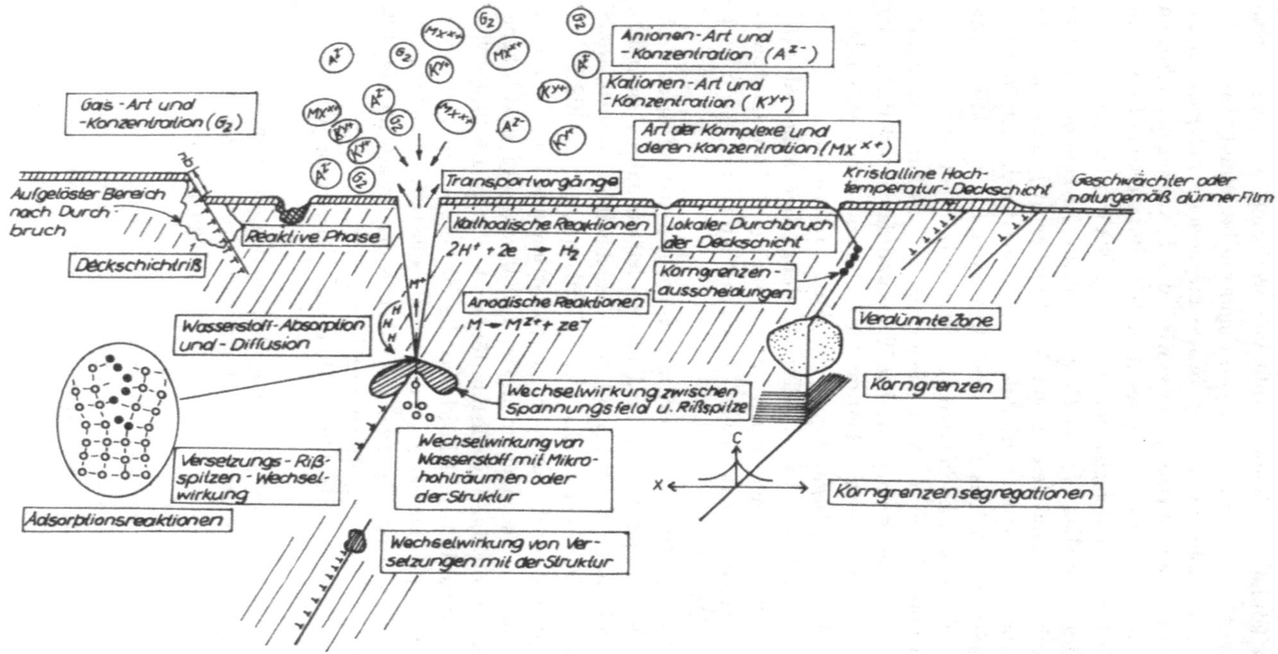

Abb. 1. Überblick über die Prozesse, die den umgebungsabhängigen Bruch metallischer Werkstoffe maßgebend beeinflussen können (nach [7])

struktionen erlauben. Die hierfür bislang angewendeten Prüfverfahren [9] zur Charakterisierung des Werkstoffverhaltens entsprechen den Forderungen nicht. Einen wesentlichen Fortschritt hat die Einführung bruchmechanischer Prüfverfahren [10] in den letzten Jahren gebracht.

Tabelle 2
Faktoren, die das Bruchverhalten von Konstruktionswerkstoffen beeinflussen

Bauteil	Belastung	Umgebung	Temperatur
Werkstoff	Einsinnige Belastung	Gasförmige Medien	
Zusammensetzung	Belastungs-geschwindigkeit	Druck	
Mikrostruktur		Zusammensetzung	
Abmessungen	Wechselsinnige Belastung	Wäßrige Medien	
Makro-Inhomogenitäten	Belastungskollektiv	pH-Wert	
Schweißnähte	Frequenz	Konzentration aggressiver Ionen (z. B. Cl)	
Risse	Mehrachsigkeit	Konzentration inhibierender Ionen	
Oberflächenbeschaffenheit		Elektrochem. Potential	
Innere Spannungen		Flüssige Metalle	
		Salzschmelzen	
		Organische und anorganische Flüssigkeiten	

4. Kennzeichnung der Beständigkeit von Werkstoffen gegen umgebungsabhängigen Bruch

4.1. Konventionelle Prüfmethoden

In herkömmlicher Weise wird die Bruchneigung von Werkstoffen in aktiven Umgebungsmedien an Hand von Standzeitmessungen an glatten oder gekerbten Proben bei konstanter Last oder Dehnung bzw. Last- oder Dehnungsamplitude beurteilt. Eine Prüfung unter praxisnahen Bedingungen ist in der Regel jedoch nicht durchführbar, da die Prüfzeiten nicht über Jahre oder Jahrzehnte ausgedehnt werden können, wie es der vorgesehenen Lebensdauer technischer Konstruktionen entspricht. Um zu akzeptablen Prüfzeiten zu kommen, werden die Prüfbedingungen daher durch Anwendung hoher Prüfspannungen oder aggressiver Umgebungsmedien verschärft. Die Ergebnisse derartiger Prüfungen sind jedoch oft nur von beschränktem Wert, da sie nicht ohne weiteres auf die in der Praxis vorliegenden Bedingungen übertragen werden können.

Ein weiterer Nachteil dieser Prüfmethoden besteht darin, daß sie keine Auskunft darüber geben, welcher Anteil der Standzeit auf die Anrißbildung bzw. das subkritische Rißwachstum entfällt. Bei Anwendung hoher Prüfspannungen kann die Rißwachstumsperiode im Vergleich zur Initialperiode kurz sein, so daß die Standzeit unter diesen Bedingungen mehr die Beständigkeit gegen die rißkeimbildenden Vorgänge, z. B. die Lochfraßkorrosion, als gegen die Rißausbreitung charakterisiert. Dieser Sachverhalt kann zu einer völlig falschen Einschätzung des Werkstoffverhaltens im Einsatz führen. Titanlegierungen sind beispielsweise relativ immun gegen Lochfraß in Salzwasser und zeigen bei der Spannungsrißkorrosions-Prüfung glatter Stäbe eine hohe Beständigkeit [11]. Dagegen macht sich die Wirkung des Umgebungsmediums auf die Rißausbreitung bei der Spannungsrißkorrosions-Prüfung von Proben mit Anriß deutlich bemerkbar. Da Oberflächenfehler bei technischen Konstruktionswerkstoffen meist nicht vollständig vermeidbar sind, ist diesem Fakt bei der Werkstoffauswahl und Dimensionierung Rechnung zu tragen.

Schließlich weisen die Prüfergebnisse glatter Proben infolge ungleichmäßiger Oberflächenqualität der Proben und anderer Faktoren starke statistische Schwankungen auf, die bei der Einschätzung der Zuverlässigkeit der Ergebnisse beachtet werden müssen.

4.2. Bruchmechanische Prüfmethoden

Nach den Erkenntnissen der linear-elastischen Bruchmechanik (LEBM) [12] ist der Spannungszustand an der Rißfront der maßgebende mechanische Einflußfaktor für den Rißfortschritt. Dieser Spannungszustand wird durch den Spannungsintensitätsfaktor K charakterisiert, der von der Belastung, der Rißtiefe und der Bauteilgeometrie abhängig ist. Der Spannungsintensitätsfaktor läßt sich wie folgt schreiben:

$$K = \alpha \cdot \sigma \cdot \sqrt{a}$$

worin σ die auf den Gesamtquerschnitt bezogene Nennspannung, a die Rißtiefe und α einen Zahlenfaktor darstellt, der von Probengeometrie und Rißtiefe abhängig ist. Für die am häufigsten vorkommenden geometrischen Verhältnisse liegen die entsprechenden quantitativen Beziehungen für K vor.

Das Bruchverhalten von Werkstoffen unter statischer Belastung wird auf der Grundlage der LEBM durch die Abhängigkeit der Rißgeschwindigkeit $\dot{a}$ vom Spannungsintensitätsfaktor K beschrieben. In der Regel weist diese Abhängigkeit $\dot{a}$ (K) drei charakteristische Bereiche, wie sie in Abb. 2 angedeutet sind, auf.

Subkritisches Rißwachstum kann erst dann auftreten, wenn der Spannungsintensitätsfaktor K einen Schwellwert überschreitet, der im Fall der Spannungsrißkorrosion mit K_{ISCC} (SCC = stress corrosion cracking) bezeichnet wird. Der Index I kennzeichnet, daß infolge hinreichender Probendicke $D \geq 2.5 (K/\sigma_s)^2$ (σ_s = Streckgrenze) überwiegend ein ebener Dehnungszustand vorliegt. Dieser Schwellwert K_{ISCC} kennzeichnet die Beständigkeit des Werkstoffs

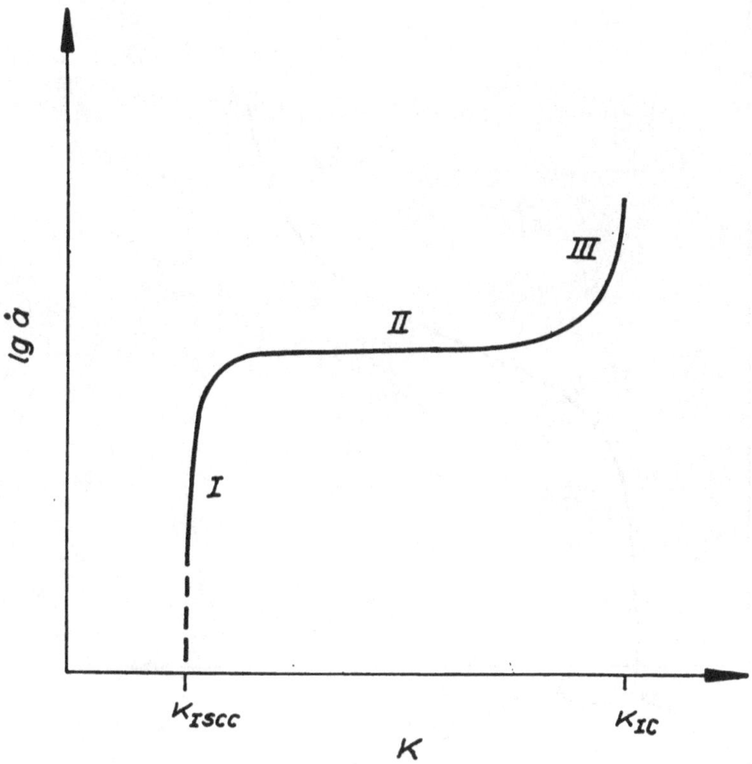

Abb. 2. Schematische Darstellung der Abhängigkeit der Rißwachstumsgeschwindigkeit $\dot{a}$ von der Spannungsintensität K bei statischer Belastung

gegen Spannungsrißkorrosion in der betreffenden Umgebung. Oberhalb des Schwellwertes steigt die Rißgeschwindigkeit mit wachsendem K steil an (Bereich I) und erreicht schließlich einen von K nur noch wenig abhängigen Wert (Bereich II). Erst in der Nähe der für instabile Rißausbreitung erforderlichen Spannungsintensität K_{IC} wird häufig ein erneutes Anwachsen der Rißgeschwindigkeit beobachtet.

Das Bruchverhalten bei schwingender Belastung in aktiven Umgebungsmedien wird mit Hilfe der LEBM durch den Rißfortschritt pro Schwingungszyklus da/dN in Abhängigkeit von der zyklischen Schwankung des Spannungsintensitätsfaktors ΔK und dem Maximalwert des Spannungsintensitätsfaktors K_{max} sowie der Frequenz als Parameter beschrieben. Unter den meist an-

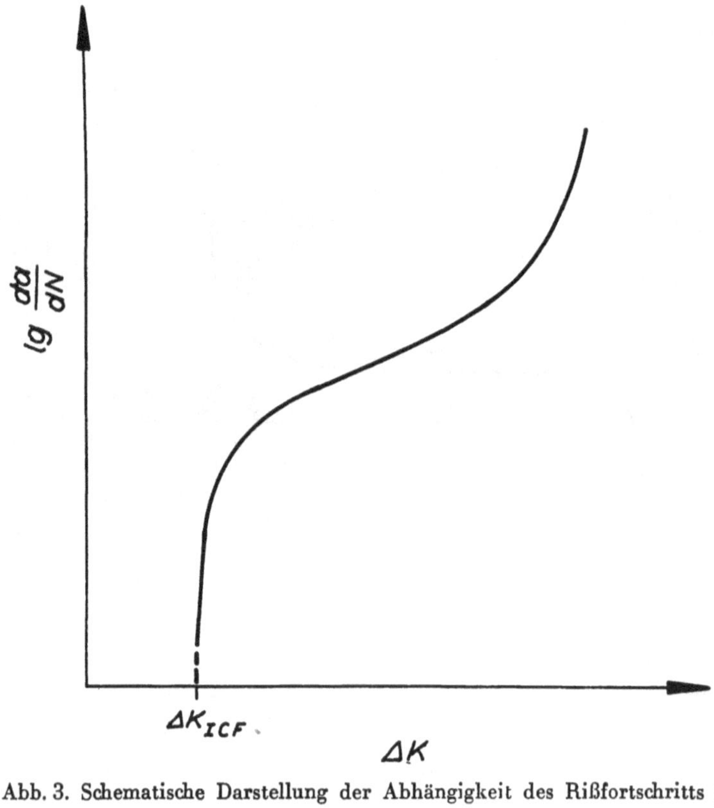

Abb. 3. Schematische Darstellung der Abhängigkeit des Rißfortschritts pro Schwingungszyklus da/dN von der zyklischen Schwankung des Spannungsintensitätsfaktor ΔK

gewendeten Prüfbedingungen $\Delta K \approx K_{max}$ zeigt da/dN logarithmisch über ΔK aufgetragen einen S-förmigen Verlauf. Ähnlich wie bei der Spannungsrißkorrosion wird auch bei der Ermüdung ein Schwellwert K_{ICF} (CF = corrosion fatigue) beobachtet, bei dessen Unterschreitung die Rißwachstumsrate auf unmeßbar kleine Werte absinkt. Ein ähnlicher Verlauf des Rißfortschritts in Abhängigkeit von ΔK wird auch bei Ermüdung in inerter Umgebung gefunden. Der Umgebungseinfluß äußert sich darin, daß die Rißwachstumsrate, insbesondere bei kleinen ΔK-Werten, angehoben wird, z. T. um Größenordnungen. Über die Verschiebung des Schwellwertes durch Anwesenheit aktiver Umgebungsmedien liegen noch keine hinreichenden Angaben vor, die allgemeine Schlußfolgerungen zulassen. Der Schwellwert ΔK_{ICF} liegt jedoch bei vergleichbaren Umgebungsbedingungen stets unterhalb von K_{ISCC}. Schwingende Belastung in aktiven Umgebungsmedien wirken daher am stärksten einschränkend auf den Werkstoffeinsatz (Abb. 3).

Eine Besonderheit der Schwingungsrißkorrosion liegt auch darin, daß der Rißfortschritt pro Zyklus mit sinkender Frequenz zunimmt, wohingegen in inerter Umgebung kein nennenswerter Frequenzeinfluß vorhanden ist.

Die Anwendbarkeit bruchmechanischer Methoden zur Charakterisierung des Bruchverhaltens von Werkstoffen ist an bestimmte Voraussetzungen gebunden. So muß die plastische Zone, deren Abmessungen proportional zu $(K/\sigma_s)^2$ zunimmt, stets klein gegenüber den Probendimensionen und der Rißtiefe sein. Da der Bruch unter aktiven Umgebungsmedien bei K bzw. $\Delta K \ll K_{IC}$ abläuft, kann diese Forderung auch noch für niedrig- und mittelfeste Werkstoffe mit relativ geringen Probenabmessungen erfüllt werden, für die die Bestimmung der Bruchzähigkeit K_{IC} bereits einen unvertretbar hohen Aufwand erfordern würde.

Zur Prüfung der Beständigkeit gegen umgebungsabhängigen Bruch bei statischer und schwingender Belastung sind verschiedene bruchmechanische Prüfverfahren und entsprechende Probenformen entwickelt worden [13]. Eine charakteristische Besonderheit der bruchmechanischen Verfahren besteht darin, daß rißbehaftete Proben geprüft werden. Der Einfluß des Risses beschränkt sich dabei nicht allein auf die mit ihm verbundene Spannungsüberhöhung an der Rißspitze. Der durch die Rißgeometrie behinderte Konzentrationsausgleich mit der Umgebung führt darüber hinaus zu rißspezifischen elektrochemischen Bedingungen, die sich von den an der freien Oberfläche vorliegenden grundlegend unterscheiden können. So stellt sich bei der Spannungsrißkorrosion von Eisenwerkstoffen in wäßrigen Medien nahezu unabhängig von der Zusammensetzung der Umgebung ein dem Hydrolysegleichgewicht entsprechender pH-Wert zwischen 3 und 4 im Riß ein [14].

5. *Anwendung bruchmechanischer Kennwerte*

Der Vorteil der bruchmechanischen Kenndaten liegt darin, daß sie prinzipiell auf reale Bauteile übertragbar sind. Obwohl mit bruchmechanischen Prüfverfahren nur die Phase der Rißausbreitung erfaßt wird, ist dieser Mangel nur von untergeordneter Bedeutung, da mit der Beherrschung der Phase der Rißausbreitung das Problem des umgebungsabhängigen Bruchs überhaupt gelöst

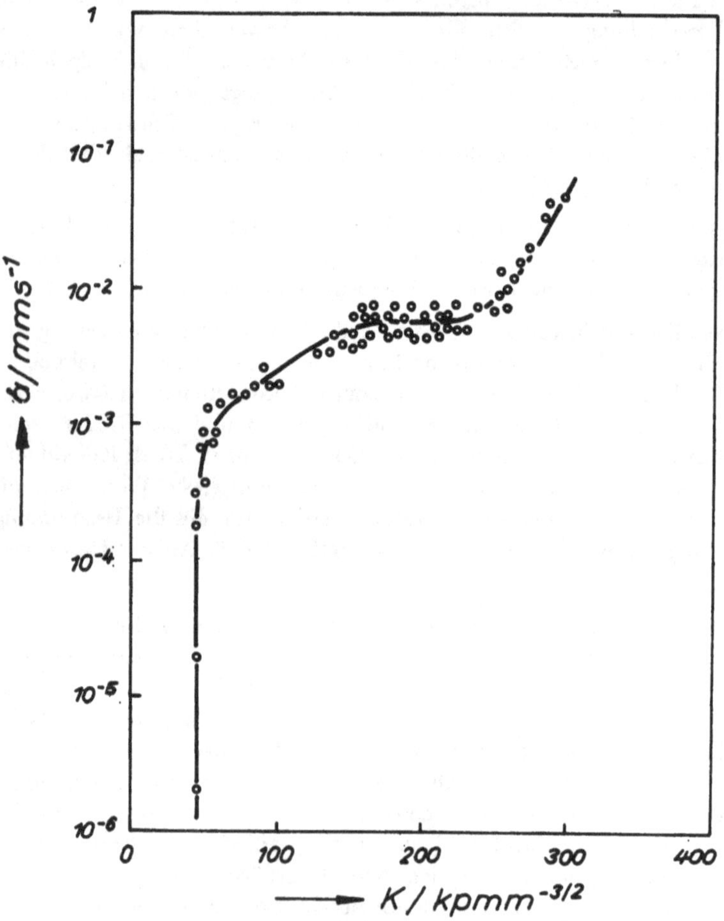

Abb. 4. Rißausbreitungsgeschwindigkeit in Abhängigkeit von der Spannungsintensität für AISI 4340 M-Stahl im vergüteten Zustand ($\sigma_s = 170\ \mathrm{kp/mm^{-2}}$) unter Einwirkung von destilliertem Wasser (nach [15])

ist. Auf der Grundlage der bruchmechanischen Kennwerte lassen sich Aussagen über die Stabilität von Rissen bzw. ihre Wachstumskinetik in geschädigten Anlagen und Konstruktionen ableiten, die für die Beurteilung der Sicherheit sowie für die Festlegung von Reparatur- und Inspektionsintervallen von besonderer Bedeutung sind.

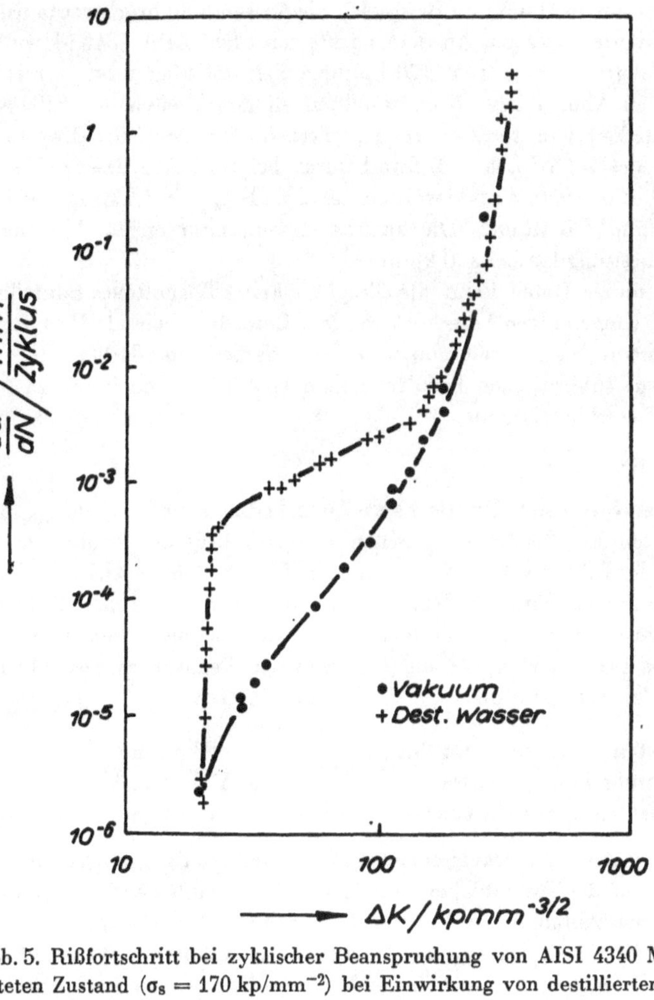

Abb. 5. Rißfortschritt bei zyklischer Beanspruchung von AISI 4340 M-Stahl im vergüteten Zustand (σ_s = 170 kp/mm^{-2}) bei Einwirkung von destilliertem Wasser sowie im Vakuum (nach [15])

Probleme bereitet noch die Anwendung der Bruchmechanik auf Bauteile mit Oberflächenfehlern, für die bestimmte Randbedingungen der LEBM nicht erfüllt sind, z. B. kleine Risse mit $a \ll 2.5\,(K/\sigma_s)^2$, Risse mit abgestumpfter Rißspitze. Das Verhalten kleiner Oberflächenfehler ist jedoch für die Beurteilung der Beständigkeit ungeschädigter Bauteile unter komplexen Beanspruchungsbedingungen von besonderem Interesse. Dieser Problematik sollte daher verstärkt Beachtung geschenkt werden.

Im folgenden soll an Hand von Beispielen die Anwendung bruchmechanischer Kenngrößen erläutert werden. An dem hochfesten Stahl AISI 4340 M wurden bei einer Streckgrenze von $\sigma_s = 170$ kp/mm^2 bei statischer bzw. zyklischer Belastung die in Abb. 4 bzw. 5 dargestellten Abhängigkeiten der Rißwachstumsgeschwindigkeit von der Belastung gemessen [15]. Die Schwellwerte für das Einsetzen des subkritischen Rißwachstums bei statischer bzw. zyklischer Belastung in destilliertem Wasser wurden dabei zu $K_{ISCC} \approx 42$ kp/mm$^{3/2}$ bzw. $K_{ICF} \approx 17$ kp/mm$^{3/2}$ bestimmt. Die kritische Spannungsintensität K_{IC} für instabile Rißausbreitung lag bei 220 kp/mm$^{3/2}$.

Auf Grund dieser Daten kann die Tragfähigkeit rißbehafteter Bauteile in vergleichbaren Umgebungen berechnet werden. Betrachten wir als Beispiel ein auf Zug belastetes Bauteil mit einem halbelliptischen Oberflächenfehler der Tiefe a. Die zur subkritischen bzw. instabilen Rißausbreitung führende Mindestspannung berechnet sich aus

$$\sigma = K/\alpha\sqrt{a}$$

wobei für K entsprechend den Beanspruchungsbedingungen K_{IC}, K_{ISCC} bzw. K_{ICF} einzusetzen ist. Bei halbelliptischen Anrissen liegt der Zahlenfaktor α abhängig von der Rißgeometrie (Verhältnis von Tiefe zu Länge) zwischen 2 und 3 [16]. Vereinfachend wird ein Bauteil mit einem Riß von 1 mm Tiefe und einer Form entsprechend $\alpha = 2.5$ betrachtet. Mit den angegebenen Schwellwerten ergeben sich somit in Abhängigkeit von den Beanspruchungsbedingungen die folgenden Werte für die Tragfähigkeit des Bauteils:

Statische Belastung in inerter Umgebung:	88 kp/mm^2
Statische Belastung in dest. Wasser:	17 kp/mm^2
Zyklische Belastung in dest. Wasser:	7 kp/mm^2.

Die Zahlen lassen den gravierenden Einfluß des relativ „harmlosen" Angriffsmediums auf die Tragfähigkeit eines hochfesten Stahls deutlich erkennen.

Aus den in den Abbildungen 3 und 4 dargestellten Zusammenhängen $\dot{a}$ (K) bzw. da/dN (ΔK) ließen sich darüber hinaus bei Kenntnis der Belastungsverhältnisse, der Geometrie des Bauteils sowie der Anfangsrißtiefe noch Aussagen über die Lebensdauer eines geschädigten Bauteils ableiten. Besondere Beachtung verdient in diesem Zusammenhang die um etwa 2 Größenordnungen angehobene Rißausbreitungsgeschwindigkeit in destilliertem Wasser im Vergleich zum Vakuum bei Belastungen wenig oberhalb ΔK_{IOF}.

Abb. 6 belegt den starken Einfluß der Festigkeit eines niedriglegierten vergüteten Stahls auf seine SRK-Beständigkeit in Meer-Wasser [11]. Der Schwellwert K_{ISCC} sinkt mit zunehmender Festigkeit außerordentlich stark ab. Die Belastbarkeit eines rißbehafteten Bauteils vermindert sich in entsprechender Weise, so daß hohe Festigkeitswerte nicht ausgeschöpft werden können. Günstiger liegen die Verhältnisse bei Beanspruchung in inerter Umgebung, da der Abfall des entsprechenden K_{IC}-Wertes mit der Festigkeit vergleichsweise schwach ist. Diese Erkenntnisse, die qualitativ auch für höherfeste schweißbare Baustähle charakteristisch sind, lassen erkennen, daß der ökonomische Einsatz von Konstruktionswerkstoffen, die Auswahl eines geeigneten Werkstoffs, seines Festigkeitsniveaus, seine Dimensionierung u. a. Fragen in starkem Maße mit den Beanspruchungsbedingungen beim Einsatz (Belastung und Umgebung) in Zusammenhang stehen. Fundierte Kenntnisse über die Werkstoffeigenschaften unter komplexen Beanspruchungsbedingungen sind daher Voraussetzung für die optimale Nutzung der Konstruktionswerkstoffe.

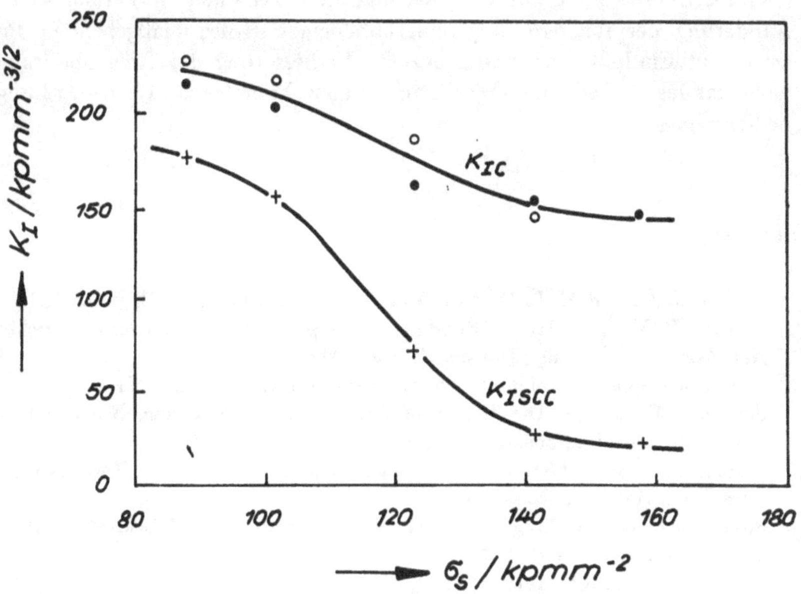

Abb. 6. Einfluß der Festigkeit von AISI 4340-Stahl auf die Bruchzähigkeit K_{IC} und die Spannungsrißkorrosionsbeständigkeit K_{ISCC} in Meerwasser (nach [11])

6. Schlußfolgerungen und Ausblick

Das Verhalten der Konstruktionswerkstoffe beim Einsatz, insbesondere ihre Neigung zum Bruch, wird vielfach in gravierender Weise von den Umgebungsbedingungen beeinflußt. Zuverlässige Kenntnisse über umgebungsbedingte Brucherscheinungen sind für viele Anwendungsgebiete der Konstruktionswerkstoffe Voraussetzung für einen ökonomischen Werkstoffeinsatz sowie für Gewährleistung der Betriebssicherheit von Anlagen und die Verhinderung von Schadensfällen. Der ökonomischen Bedeutung dieser Problematik entsprechend ist gegenwärtig auf diesem Arbeitsgebiet im internationalen Maßstab eine starke Aktivität feststellbar. In der DDR werden Probleme des umgebungsabhängigen Bruchs nur mit relativ geringer Kapazität bearbeitet, die nicht der volkswirtschaftlichen Bedeutung angemessen ist.

Eine verstärkte Forschungsaktivität auf diesem Gebiet sollte auf folgende Probleme orientiert sein:

1. Entwicklung rationeller Prüfmethoden zur Charakterisierung des Werkstoffverhaltens unter komplexen Beanspruchungsbedingungen.
2. Ermittlung von Kenndaten, die bei der Konstruktion von Anlagen sowie bei ihrer Überwachung und Einschätzung ihrer Sicherheit anwendbar sind.
3. Aufklärung der für den umgebungsabhängigen Bruch maßgebenden Prozesse und Einflußfaktoren und gezielte Verbesserung des Rißausbreitungswiderstandes höherfester Werkstoffe unter komplexen Beanspruchungsbedingungen.

Literatur

[1] Collins, J. A., und M. L. Monack, Mat. Protect. and Perform. 12 (1973) S. 6, 11.

[2] Staehle, R. W. u. a. (Hrsg.), Fundamental Aspects of Stress Corrosion Cracking. Nat. Assoc. of Corr. Eng., Houston, Texas, 1969.

[3] L'Hydrogène dans les Métaux. Ed. Science et Industrie, Paris 1971.

[4] Scully, J. C. (Hrsg.), The Theory of Stress Corrosion Cracking. North Atlantic Treaty Organization, Scientific Affairs Division, Brussels 1971.

[5] Corrosion Fatigue: Chemistry, Mechanics and Microstructure. Nat. Assoc. of Corr. Eng., Houston, Texas, 1972.

[6] Stress Corrosion Cracking and Hydrogen Embrittlement of Iron Base Alloys. Unieux-Firminy, 12.—16. 6. 73.

[7] Fontana, M. G., Met. Trans. 1 (1970) 3251.

[8] Scully, J. C., in [4], S. 1.

[9] Stress Corrosion Testing. ASTM—STP 425 (1967).

[10] McMahon, C. J., Trans. ASME, J. Eng. Mat. Technol. (1973).
[11] Peterson, M. H. u. a., Corrosion 23 (1967) 142.
[12] Blumenauer, H., und G. Pusch, Bruchmechanik. VEB Verlag für Grundstoff-industrie, Leipzig 1973.
[13] Berggreen, J., Werkstoffe und Korr. 21 (1970) 640.
[14] Sandoz, G., C. T. Fujii und B. F. Brown, Corr. Sci. 10 (1970) 839.
[15] Speidel, M. O., in [3], S. 290.
[16] Irwin, G. R., J. Appl. Mech. 29 (1962) 651.

Meinhard Kuna

Anwendung der Methode der finiten Elemente in der Bruchmechanik

1. Einführung in die Bruchmechanik

Der Einsatz technischer Werkstoffe unter verschärften Beanspruchungsbedingungen und die Verwendung hochfester Materialien haben die Bruchforschung zu einem ökonomisch und wissenschaftlich bedeutenden Gebiet werden lassen. Wenn man von den Werkstoffwissenschaften bruchwiderstandsfähige Materialien fordert, so bedeutet dies zuallererst, geeignete Kenngrößen für die Bruchfestigkeit eines Werkstoffes zu finden und physikalisch und technisch brauchbare Prüfverfahren zu entwickeln. Der praktische Konstrukteur möchte andererseits wissen, bis zu welchen Belastungen ein gegebenes Bauteil bruchsicher bleibt, bzw. welche Gefährlichkeit vorhandene Anrisse oder Defekte besitzen.

Für beide Probleme ist eine genaue Kenntnis der Spannungsverteilung und des Verformungszustandes in der Umgebung des Risses unter gegebenen Belastungsbedingungen notwendig. Dies ist eine Aufgabe der Elastizitätstheorie, wobei auf dem Rande des Körpers und an den Rißflächen entweder die angreifenden Kräfte oder die Verschiebungen vorgegeben sind. Derartige Randwertprobleme sind selbst im zweidimensionalen Fall noch recht kompliziert und bis auf wenige einfache Ausnahmefälle nur noch mit Näherungsverfahren lösbar. Grundlage ist die Theorie der komplexen Spannungsfunktionen, und die Einbeziehung der Randbedingungen erfolgt meist über konforme Abbildungsverfahren, Integraltransformationen oder sog. „boundary collocation techniques“ [1].

Im Rahmen der Elastizitätstheorie kann nur etwas über den Spannungszustand im Körper mit Riß ausgesagt werden, jedoch nicht darüber, inwieweit ein solcher Riß überhaupt stabil oder existenzfähig wäre. Da aber gerade der Belastungswert, bei dem instabile Rißausbreitung einsetzt, interessiert, sind zusätzliche physikalische Annahmen, Bruchkriterien, notwendig. Das bis heute grundlegende Rißausbreitungskriterium ist die bekannte GRIFFITH-Beziehung [2]:

$$\frac{dD}{dc} \leqq -\frac{dP}{dc} = G \tag{1}$$

c — Rißlänge

Die für die Rißausbreitung notwendige Energie dD muß von der im Körper und seiner Belastungsvorrichtung freigesetzten potentiellen Energie dP geliefert werden. Diese Größe G wird als „Rißausbreitungskraft“ bzw. „Energiefreisetzungsrate“ bezeichnet.

Im Rahmen der linearen Elastizitätstheorie besitzen alle Lösungen für ideal scharfe Risse eine Singularität in den Spannungsfeldern bezüglich $r \to O$ von folgender Form: (z. B. für Zugbelastung, Mode I)

$$\sigma_{ij} = \frac{K_I}{\sqrt{2\pi r}} f_{ij}(\vartheta) \tag{2}$$

(r, ϑ) — Polarkoordinatensystem um die Rißspitze

Für alle elastischen Rißprobleme ist die Form des singulären Anteils die gleiche und ein Unterschied besteht lediglich im Wert des Koeffizienten K_I. Dieser Wert stellt sozusagen ein Maß für die Intensität des Spannungszustandes an der Rißspitze dar und wurde deshalb von G. R. IRWIN als „Spannungsintensitätsfaktor“ eingeführt [3].

Von besonderer Bedeutung und entscheidendem Vorteil ist, daß die Ermittlung des K_I für viele Rißprobleme wesentlich einfacher ist als die exakte Berechnung des Spannungszustandes in der Rißumgebung. Der K_I ist also eine rein theoretische Größe, die nur von der Belastung und der Geometrie des Körpers mit Riß abhängt. Der Spannungsintensitätsfaktor ist mit dem GRIFFITH'schen Energiekriterium durch folgende Relation verknüpft:

$G_I = K_I^2/E$ — ebener Spannungszustand

$G_I = K_I^2(1 - \nu^2)/E$ — ebener Dehnungszustand

E — Elastizitätsmodul

Die praktische Bedeutung gewinnt das K_I-Konzept dadurch, daß man sagt: Ein gegebener Riß wird dann instabil, wenn der K_I einen kritischen, materialspezifischen Wert K_{Ic} überschreitet. Dieser nur vom Material abhängige Wert wird „Bruchzähigkeit“ genannt und kennzeichnet den Bruchwiderstand eines Werkstoffes. Die Bruchzähigkeit wird experimentell an standardisierten Proben ermittelt, wobei natürlich der theoretische K_I-Wert der Probengeometrie bekannt sein muß. Ein großer Nachteil besteht darin, daß die Theorie nur für rein elastische, also ideal spröde Stoffe gilt. Das bedeutet, daß die Größe der plastischen Zone gegenüber der Rißlänge und den Probenabmessungen klein gehalten werden muß. Für die wichtigsten Konstruktionswerkstoffe bereitet daher die Ermittlung gültiger K_{Ic}-Werte wegen der benötigten Probengrößen erhebliche experimentelle Schwierigkeiten. Deshalb wurden in den letzten Jahren große Anstrengungen unternommen, theoretische und experimentelle Möglichkeiten zur Erweiterung der Bruchmechanik auf elastische/plastische und duktile Werkstoffe zu finden. Tatsächlich treten selbst bei spröden Materialien plastische Vorgänge an der Rißspitze auf.

Will man die plastische Zone um einen Riß mathematisch exakt erfassen, so muß ein elastisches/plastisches Randwertproblem gelöst werden. Die äußeren Randbedingungen sind wie beim rein elastischen Problem, das elastische Gebiet erstreckt sich jetzt aber nur bis zum Rand der plastischen Zone. In ihm gilt z. B. das Hooke'sche Gesetz, während in der plastischen Zone ein plastisches Fließgesetz, z. B. Prandtl-Reuss mit entsprechendem v. Mises'schen Fließkriterium anzunehmen ist.

$$\text{Prandtl-Reuss:}\quad d\varepsilon_{ij} = \frac{ds_{ij}}{2\mu} + \frac{1-2v}{3E}\sigma_{kk}\,\delta_{ij} + \frac{3}{2}\frac{d\bar{\varepsilon}_p}{\bar{\sigma}}s_{ij} \tag{4}$$

$$\text{v. Mises'sche Fließkriterium:}\quad \bar{\sigma} = \left(\frac{3}{2}s_{ij}\,s_{ij}\right)^{\frac{1}{2}} \geqq \sigma_Y \tag{5}$$

ε_{ij} — Dehnungstensor, σ_{ij} — Spannungstensor,

$s_{ij} = \sigma_{ij} - \frac{1}{3}\sigma_{kk}\,\delta_{ij}$ — Spannungsdeviator,

$\bar{\varepsilon}_p = \left(\frac{2}{3}\bar{\varepsilon}^p_{ij}\,\varepsilon^p_{ij}\right)^{\frac{1}{2}}$ — einachsige plast. Vergleichsdehnung,

$\bar{\sigma}$ — einachsige Vergleichsspannung,

μ — Schubmodul, v — Poisson'sche Zahl,

σ_Y — Fließspannung (siehe auch [4])

An der elastisch/plastischen Grenze müssen das Fließkriterium und einige Stetigkeitsbedingungen erfüllt sein, wobei die Lage der Grenzkurve selbst noch unbekannt ist. Dieses Problem konnte bisher selbst für die unendliche Ebene mit Riß unter Zugbelastung nicht analytisch gelöst werden. Jedoch gelang die Bestimmung des singulären Anteils bei Verwendung einer plastischen Deformationstheorie und unter Annahme einer Potenzgesetz-Verfestigung [5], [6].

Im elastisch/plastischen Fall ist es zweckmäßiger, einen kritischen Wert der plastischen Dehnungen oder Verschiebungen als Bruchkriterium zu wählen. Das von Wells [7] entwickelte COD-Modell geht davon aus, daß zunächst eine Aufweitung im Rißgrund beginnt und erst beim Überschreiten eines kritischen Verformungsbetrages instabile Rißausbreitung einsetzt. Die Größe „COD – Rißöffnungsverschiebung" konnte als geeigneter Bruchparameter bestätigt werden.

Diesem Konzept liegt ein einfaches analytisches Modell von DUGDALE [8] zugrunde [Abb. 1].

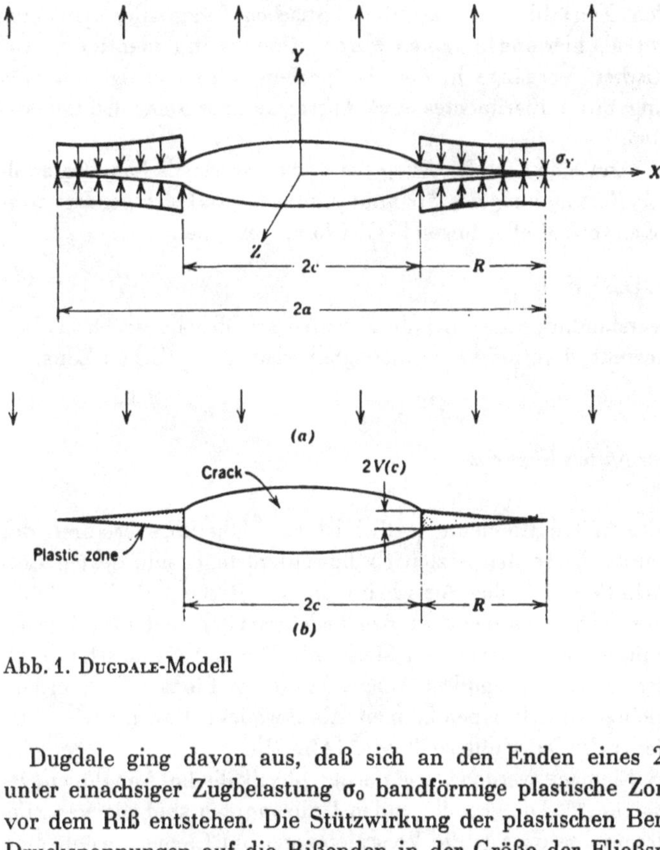

Abb. 1. DUGDALE-Modell

Dugdale ging davon aus, daß sich an den Enden eines 2 c langen Risses unter einachsiger Zugbelastung σ_0 bandförmige plastische Zonen der Länge R vor dem Riß entstehen. Die Stützwirkung der plastischen Bereiche wird durch Druckspannungen auf die Rißenden in der Größe der Fließspannung des Materials σ_Y simuliert, so daß lediglich dieses elastische Randwertproblem zu lösen ist. Mit Hilfe der Methode der komplexen Spannungsfunktionen ergibt sich für die Aufweitung an der Spitze des eigentlichen Risses:

$$2V(c) = COD \approx \frac{\pi c \sigma_0^2}{E \sigma_Y} \tag{6}$$

Aus der Forderung, daß die Spannungen an der Rißspitze endlich bleiben sollen, ergibt sich die Länge der plastischen Zone:

$$\frac{R}{c} = \sec\left(\frac{\pi}{2}\frac{\sigma_0}{\sigma_Y}\right) - 1 \tag{7}$$

Für jedes Material muß wieder experimentell der kritische Wert des COD bestimmt werden. Mit diesem Modell konnten in bestimmten Fällen gute Erfolge erzielt werden. Tatsächlich besitzen die plastischen Zonen aber meist eine völlig andere Form, als hier angenommen wurde. Eine genaue quantitative Erfassung der plastischen Vorgänge in den Testproben wäre günstig, um eine bessere Auswertung des Experimentes und Aussagen über seine Gültigkeitsgrenzen zu gestatten.

Darüber hinaus kann eine COD-Messung bei vorrangig elastischem Materialverhalten auch zur Bestimmung des Spannungsintensitätsfaktors genutzt werden, da beide Größen formal über folgende Gleichung gekoppelt sind:

$$K_I = (COD \cdot E \cdot \sigma_Y)^{\frac{1}{2}} \tag{8}$$

Dies ist selbstverständlich nur im Gültigkeitsbereich der linear elastischen Bruchmechanik korrekt, d. h. bei vernachlässigbar kleiner plastischen Zone.

2. Die Methode der finiten Elemente

Die Methode der finiten Elemente (MFE) ist ein Näherungsverfahren der Kontinuumsmechanik, das in den letzten 15 Jahren entstand, und dessen Entwicklung hauptsächlich durch die Fortschritte in der Rechentechnik möglich wurde. Zweifelsohne gehört es heute zu den bedeutendsten und vielseitigsten numerischen Verfahren der angewandten Mechanik. Wie der Name schon sagt, wird der betrachtete Körper in endliche Teilgebiete (finite Elemente) unterteilt, die prinzipiell beliebige Gestalt haben können. Als Beispiel betrachten wir einen ebenen Körper, der in Dreiecke unterteilt wird [Abb. 2].

Für ein solches Element werden vereinfachte physikalische Annahmen getroffen (z. B. σ_{ij} = const.). Die grundlegenden Unbekannten sind die Verschiebungen der Knotenpunkte q_i. Für die Verschiebungen im Element wählt man eine Ansatzfunktion mit den freien Parametern {a}. In der folgenden Matrixschreibweise bedeuten Größen in { } Spaltenvektoren, und Matrizen werden durch [ ] gekennzeichnet.

$$\begin{Bmatrix} u_x(x, y) \\ u_y(x, y) \end{Bmatrix} = \{u\} = [\Phi(x, y)]\,\{a\} \tag{9}$$

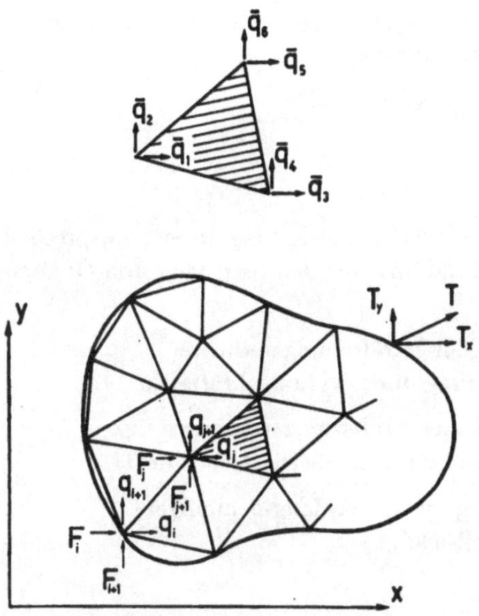

Abb. 2. Einteilung eines ebenen Körpers in finite Elemente dreieckiger Gestalt

Über die Geometrie des Elementes lassen sich die Verschiebungen im Element durch die 6 Knotenpunktsverschiebungen der Eckpunkte i, j, k eines Elementes ausdrücken.

$$\{\bar{q}\}^T = \{\bar{q}_1, \bar{q}_2, \bar{q}_3, \bar{q}_4, \bar{q}_5, \bar{q}_6\} = \{u_{xi}, u_{yi}, u_{xj}, u_{yj}, u_{xk}, u_{yk}\}$$

$$\{u\} = [N]\{\bar{q}\} \tag{10}$$

Mit Hilfe der Dehnungs-Verschiebungsrelationen und des HOOKE'schen Gesetzes lassen sich auch Spannungen und Dehnungen im Element durch die Knotenpunktsverschiebungen darstellen.

$$\begin{Bmatrix} \varepsilon_{xx} \\ \varepsilon_{yy} \\ \varepsilon_{xy} \end{Bmatrix} = \{\varepsilon\} = [B] \cdot \{\bar{q}\}$$

$$\begin{Bmatrix} \sigma_{xx} \\ \sigma_{yy} \\ \sigma_{xy} \end{Bmatrix} = \{\sigma\} = [D] \cdot (\{\varepsilon\} - \{\varepsilon_0\}) \tag{11}$$

Dabei werden mit $\{\varepsilon_0\}$ Anfangsdehnungen (z. B. Temperaturdehnungen, Kriechen u. a.) berücksichtigt, die nicht durch äußere Belastung entstanden sind.

Wendet man den Satz vom Minimum der potentiellen Energie P an, so ergibt sich ein lineares Gleichungssystem für die

$$P = \frac{1}{2} \int_V \sigma_{ij} \varepsilon_{ij} \, dV - \int_V X_i u_i \, dV - \int_S T_i u_i \, dS$$

$$\delta P = 0 \rightarrow [k] \{\overline{q}\} = \{f\} \qquad (12)$$

Hierbei gibt der Vektor der rechten Seite {f} die Belastung an den entsprechenden Knotenpunkten an und setzt sich additiv aus den folgenden drei Bestandteilen zusammen:

$\int_V [N]^T \{X\} \, dV$ — auf Knotenkräfte umgerechnete Belastung durch Volumenkräfte X_i

$\int_S [N]^T \{T\} \, dS$ — auf Knotenkräfte umgerechnete Belastung durch Oberflächenkräfte T_i

$\int_V [B] [D] \{\varepsilon_0\} \, dV$ — Beitrag, der die Anfangsdehnungen berücksichtigt

$$[k] = \int_V [B]^T [D] [B] \, dV$$

Die Größe [k] wird „Elementsteifigkeitsmatrix" genannt und enthält alle geometrischen und elastischen Eigenschaften des Elementes. Nun wird der ursprüngliche Körper wieder zusammengesetzt, wobei die Verschiebungen zwischen den Elementrändern stetig sein müssen, also Kompatibilität herrschen muß. Die Gleichgewichtsbedingungen der Spannungen sind nur an den Knotenpunkten erfüllt, d. h. die resultierende Kraft muß Null sein. Indem man die Beiträge aller Elemente zu den Knotenpunkten des Körpers zusammenfügt, erhält man ein Gleichungssystem für die Verschiebungen aller Knotenpunkte, womit das gesamte elastische Verhalten des Körpers beschrieben wird.

$$[K] \{q\} = \{F\}$$

Aus der Lösung des Gleichungssystems können dann die Spannungen in den einzelnen Elementen mit Gleichung (11) bestimmt werden. Eine ausführliche Darstellung des Verfahrens findet man in [9].

Es lassen sich also beliebige Geometrien mit beliebigen Randbedingungen behandeln. Plastische, nichtlineare Materialgesetze können dadurch mit einbezogen werden, indem man die Last in kleinen Lastschritten erhöht und stückweise linear rechnet. Dabei gibt es zwei Möglichkeiten. Einmal kann man anstelle des Hooke'schen Gesetzes eine elastisch/plastische Spannungs-Dehnungsbeziehung für die Matrix [D] verwenden, die dann vom jeweiligen Spannungszustand abhängig wäre [10]. Ein anderes Verfahren beruht darauf, daß man die plastischen Dehnungen auch als Anfangsdehnungen betrachten kann [11]. Es können prinzipiell jedes plastische Verformungsgesetz, Fließkriterium und beliebige Spannungs-Dehnungskurven des Materials verwendet werden.

Weiterhin ist es auch möglich, nichtlineare Dehnungs-Verschiebungsrelationen bei starken geometrischen Formänderungen und Trägheitskräfte bei dynamischen Problemen zu berücksichtigen. Dies soll nur die nahezu universellen Möglichkeiten des Verfahrens für die Lösung praktischer technischer Probleme andeuten.

3. Anwendung auf Bruchmechanik

Wie man aus dem bisher Gesagten erkennt, bietet die MFE hervorragende Möglichkeiten zur Lösung bisher noch offenstehender Probleme in der Bruchmechanik, weshalb sie hier auch in den letzten vier Jahren starke Beachtung fand. Der große Vorteil besteht darin, daß man die reale Probengeometrie und ihre Belastungsbedingungen exakt einbeziehen kann.

Betrachten wir zunächst die elastische Bruchmechanik, deren Hauptaufgabe die Bestimmung des Spannungsintensitätsfaktors ist. Um eine ziemlich genaue Lösung in der Nähe der Rißspitze zu bekommen, muß das Netzwerk sehr fein unterteilt werden. Die Abbildungen in Abschnitt 4 stellen typische Netzunterteilungen für Rißprobleme dar.

a) Benutzt man einfache Dreieckselemente constanter Spannung, so kann die $1/\sqrt{r}$ -Singularität nur mit großem Aufwand erfaßt werden ($\sim$ 2000 Freiheitsgrade bzw. Unbekannte [12]). Aus der so erhaltenen Lösung kann durch Umstellen der Gleichung (2) für jeden Punkt ein Wert des Spannungsintensitätsfaktors ermittelt werden. Trägt man diesen lokalen K_I^* über dem Abstand zur Rißspitze auf, so ergibt sich etwa folgendes Bild [Abb. 3].

   In unmittelbarer Nähe der Rißspitze kann die MFE-Lösung der Spannungssingularität nicht mehr folgen, und der K_I-Wert wird deshalb unterschätzt. In etwas größerer Entfernung ist die MFE-Lösung genauer, und den besten Wert für K_I erhält man daher durch Extrapolation dieser Werte für $r \rightarrow 0$. In noch größerer Entfernung von der Rißspitze verliert Gleichung (2) ihre Gültigkeit.

b) Eine zweite Methode besteht darin, die Energiefreisetzungsrate $G = -dP/dc$ direkt zu berechnen, d. h. man rechnet einmal mit der Rißlänge c und dann mit $c + \Delta c$ und bildet die Differenz beider elastischen Energien $\Delta P/\Delta c$. Bei dieser Methode genügt eine grobere Netzunterteilung, da das Näherungsverfahren die beste Genauigkeit hinsichtlich der Verzerrungsenergie besitzt. Mittels Gleichung (3) erhält man aus G den Wert des Spannungsintensitätsfaktors. Es gibt noch einige andere Möglichkeiten, G zu ermitteln, z. B. aus der Berechnung des RICE'schen Kurvenintegrals [13], das für elastische Materialgesetze wegunabhängig ist.

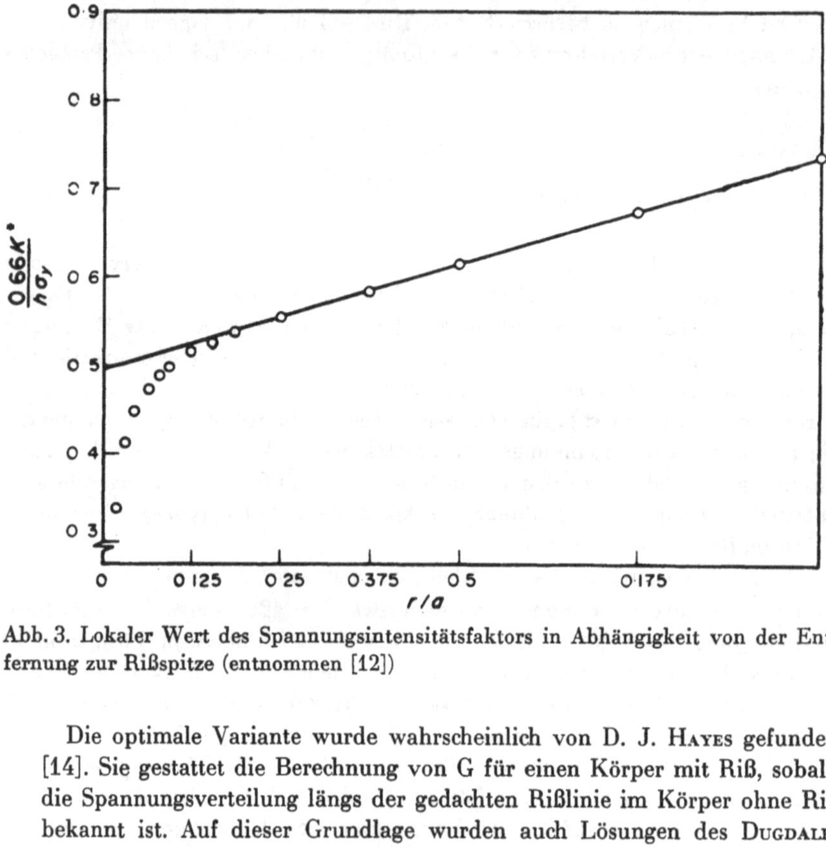

Abb. 3. Lokaler Wert des Spannungsintensitätsfaktors in Abhängigkeit von der Entfernung zur Rißspitze (entnommen [12])

Die optimale Variante wurde wahrscheinlich von D. J. HAYES gefunden [14]. Sie gestattet die Berechnung von G für einen Körper mit Riß, sobald die Spannungsverteilung längs der gedachten Rißlinie im Körper ohne Riß bekannt ist. Auf dieser Grundlage wurden auch Lösungen des DUGDALE-Modells für endliche Körper berechnet [15].

c) Eine naheliegende Methode, die Schwierigkeiten an der Rißspitze zu umgehen, besteht darin, daß man sie einfach ausklammert, d. h. in einem kleinen Bereich um die Rißspitze wird die theoretische Lösung angenommen, und erst von hier schließt sich ein Netz von finiten Elementen an [16], [17]. Dieses kreisförmige Rißelement kann neben dem singulären Anteil auch noch Glieder höherer Ordnung enthalten, die mit unbestimmten Koeffizienten angesetzt sind, wodurch seine Qualität verbessert wird. Der Spannungsintensitätsfaktor und die unbekannten Entwicklungskoeffizienten werden noch als zusätzliche Unbekannte in das Gleichungssystem mit einbezogen und gemeinsam mit der Lösung erhalten [Abb. 4].

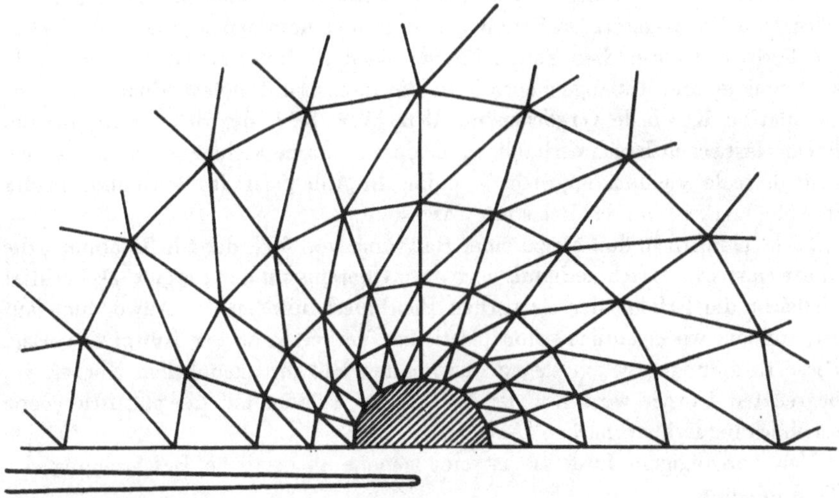

Abb. 4. Kreisförmiges singuläres Rißelement, eingebettet in gewöhnliche Dreieckselemente

d) Ein anderer Weg ist, die Ansatzfunktion für die Elemente um die Rißspitze gleich entsprechend der theoretischen Lösung zu wählen, also die $1/\sqrt{r}$-Singularität gleich einzubauen [18].

Durch Benutzung derartiger spezieller Rißelemente verringert sich die notwendige Zahl der Freiheitsgrade erheblich, der theoretische Aufwand steigt jedoch.

Alle diese Verfahren wurden an verschiedenen Modellen getestet und ergaben beim Vergleich mit vorhandenen exakten Lösungen Abweichungen kleiner 5%.

Der Vorteil der finiten Elemente gegenüber anderen numerischen Verfahren zur K_I-Bestimmung besteht in ihrer universellen Anwendbarkeit. Auch die verwandten endlichen Differenzen-Verfahren versagen gewöhnlich bei der Behandlung von Singularitäten.

Besondere Bedeutung hat die MFE für die Beschreibung plastischen Verhaltens beim Bruch, da sie hierfür eines der wenigen Hilfsmittel darstellt. Es sind in den letzten Jahren auch eine ganze Reihe von Arbeiten veröffentlicht worden, die theoretische Aussagen über die Größe und Form der plastischen Zonen in Abhängigkeit von der Belastung und den Materialeigenschaften liefern. Damit ist die theoretische Grundlage für die Bestimmung von Bruchkriterien im Falle großer plastischer Zonen, wie sie in der Realität auftreten, gegeben.

Eine Arbeit von Hilton & Hutchinson [19] berechnet die plastischen Zonen eines zugbelasteten Risses in der unendlichen Ebene, wobei im plastischen Bereich eine Potenzgesetz-Verfestigung $\varepsilon \sim \sigma^p$ angenommen wurde. Abb. 5 zeigt die Form der plastischen Zonen für verschiedene Belastungen σ^∞ (auf Fließspannung σ_Y und Rißlänge c normiert). Die Intensität der plastischen Dehnungssingularität K_ε wurde verglichen mit dem Wert $K_\varepsilon^{(s)}$, der sich für sie aus der linear elastischen Bruchmechanik unter der Annahme kleiner plastischer Zonen („small scale yielding approach") ergibt. In Abb. 6 ist das Verhältnis beider in Abhängigkeit von der Belastung dargestellt.

Es ist ersichtlich, daß bis zu einer Belastung von 40% der Fließspannung die linear elastische Bruchmechanik noch gute Übereinstimmung ergibt. Das erklärt vielleicht die Erfolge der elastischen Bruchmechanik bei der Anwendung auf Situationen, wo eigentlich schon plastisches Verhalten an der Rißspitze vorlag. Diese Rechnungen gelten streng nur für den Riß im unendlichen Körper. Im begrenzten Körper wird sich der Einfluß der Ränder auf die plastische Zone erheblich bemerkbar machen [Abb. 7].

Von vorrangigem Interesse ist eine genaue theoretische Beschreibung der Testproben.

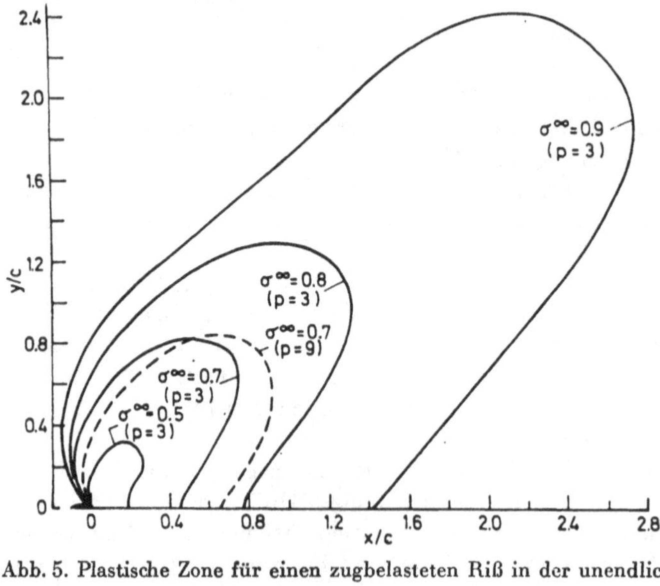

Abb. 5. Plastische Zone für einen zugbelasteten Riß in der unendlichen Ebene in Abhängigkeit von der Belastung (entnommen [19], p — Verfestigungsexponent)

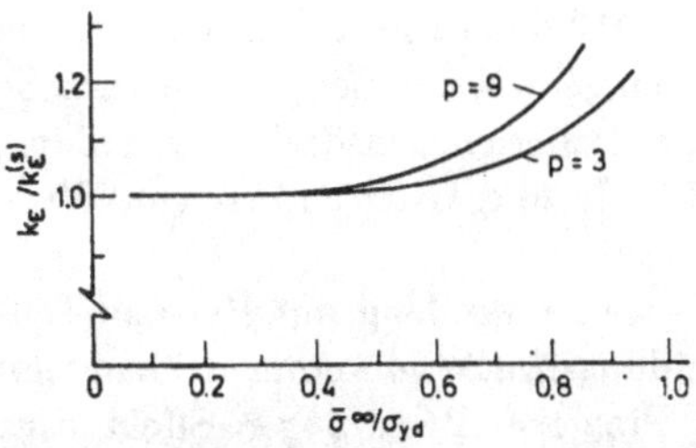

Abb. 6. Vergleich der plastischen Dehnungssingularität mit dem aus der linear elastischen Bruchmechanik erhaltenen Wert (siehe [19])

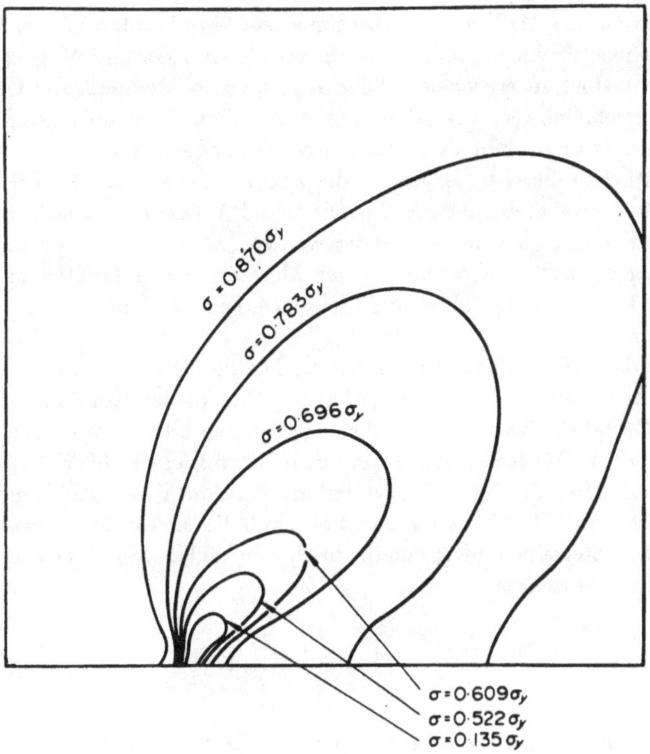

Abb. 7. Wachstum der plastischen Zone in einer endlichen Platte mit Innenriß unter Zugbelastung nach [20]

Wie sich die vielseitigen Möglichkeiten der MFE auch in der Bruchmechanik fruchtbar auswirken können, mögen noch einige weitere Beispiele zeigen. So kann man jedem Element unterschiedliche Materialeigenschaften zuordnen, was für die Behandlung heterogener Werkstoffe und Grenzflächen von Wichtigkeit ist.

Eine weitere Möglichkeit bietet sich bei der Anwendung auf Be- und Entlastungsprobleme, wie sie z. B. beim Ermüdungsbruch vorkommen, denn mit MFE können echte irreversible plastische Prozesse, Bauschinger Effekt usw. berücksichtigt werden [21].

Wenn man schon plastisch an der Rißspitze rechnet, so treten dort zweifellos so große Verschiebungen und Dehnungen auf, daß man eigentlich auch immer geometrisch nichtlinear rechnen müßte. Mit MFE ist dies beides realisierbar. Damit ist ein echtes Abstumpfen der Rißspitze bei duktilen Werkstoffen beschreibbar, und erste Rechnungen wurden 1973 veröffentlicht [22].

Bei der Anwendung der MFE auf die Bruchmechanik beschränkte man sich bisher meist auf ebene Probleme, hauptsächlich um die Grenzen und Möglichkeiten auf diesem Gebiet zu erproben. In der angewandten Mechanik werden dreidimensionale Probleme schon seit längerem mit finiten Elementen gelöst. Auch in der Bruchmechanik gibt es schon einige Anwendungen im elastisch und elastisch/plastischen Bereich, jedoch ist die notwendige Anzahl der Freiheitsgrade und der damit verbundene rechentechnische Aufwand erheblich, so lange keine speziellen Rißelemente verwendet werden [23]. Trotzdem scheint man die Hoffnung zu haben, gerade in dieser Methode ein Hilfsmittel zur Bewältigung der komplizierten, aber praktisch wichtigen dreidimensionalen Probleme zu finden.

Man sollte von der MFE jedoch nicht erwarten, daß sie mehr leistet, als die Grundlagen der Kontinuumsmechanik es gestatten. Und in der Kontinuumsmechanik ist auf Grund der Kompatibilitätsbedingungen ein echtes „Aufreißen" des Materials verboten. Das heißt, man kann einen Riß mit einem MFE-Netzwerk umgeben und dann die Spannungsverteilung berechnen, der Riß kann sich aber nicht ausbreiten. Dies könnte nur mittels zusätzlicher Annahme, wann der Riß ein Stück weiterreißt und demnach durch eine Folge von Randwertaufgaben, bewerkstelligt werden.

4. Unsere Arbeit

Wir haben uns bisher hauptsächlich darum bemüht, die MFE zu beherrschen und entsprechende Computer-Programme aufzustellen und zu testen. Bisher besitzen wir Programme, die rein elastische Rechnungen für den ebenen Dehnungszustand und Spannungszustand ausführen, sowie auch elastisch/plastische Programme für beide Fälle. Eine große Unterstützung erhielten wir hierbei durch die Zusammenarbeit mit der Arbeitsgruppe Mechanik der TH Magdeburg, auf deren Erfahrungen aufgebaut werden konnte. Als Elementtyp wurden Dreiecke constanter Spannung verwendet, und die Plastizität wurde nach der Methode der Anfangsdehnungen einbezogen. Im plastischen Bereich kann entweder lineare oder Potenzgesetz-Verfestigung eingestellt werden. Als Fließgesetz diente das Prandtl-Reuss-Gesetz mit dem v. Mises'schen Fließkriterium. Die Rechnungen werden auf der BESM 6 ausgeführt, und mittels externer Speicher ist es möglich, große Gleichungssysteme zu bewältigen. Diese Programme sind universell und auf beliebige Probleme anwendbar.

Für die besondere Anwendung auf Rißprobleme wurden die oben genannten Verfahren zur K_I-Bestimmung an Testbeispielen erprobt. Dazu wurden an ein finite Element Netzwerk (wie in Abb. 11) die äußeren Randbedingungen entsprechend der singulären Lösung Gleichung (2) angelegt, so daß der K_I-Wert bekannt war und die Qualität der MFE-Lösung beurteilt werden konnte. Bei der Bestimmung des K_I aus den Verschiebungen in der Nähe der Rißspitze (Verfahren a) konnte übereinstimmend mit [12] festgestellt werden, daß die genauesten Werte sich aus den Verschiebungen der Rißufer ermitteln lassen. Da dieses Verfahren für praktische Probleme einen zu großen Aufwand an Freiheitsgraden fordert, wurde das Hauptaugenmerk auf die Verwendung des kreisförmigen, speziellen Rißelementes (Methode c) gelenkt.

Dazu wurde das spezielle Rißelement um die Rißspitze [16] gemeinsam mit einer ebenen finite Element Analysis zu einem Programm vereinigt. Der funktionelle Ansatz des Elementes Gleichung (9) kann außer dem singulären Anteil noch drei weitere, nichtsinguläre Glieder und eine starre x-Verschiebung berücksichtigen. Es wurde ein MFE-Netz ähnlich Abb. 4 verwendet, wobei das Rißelement von acht Kreisringen mit Dreieckselementen umgeben war und wieder die bekannte Lösung als äußere Randbedingung angenommen wurde. Das Verhältnis zwischen Elementradius und dem Radius des äußeren Randes betrug 0.15.

Das halbkreisförmige Element war durch 13 Knotenpunkte auf seinem Rand mit den gewöhnlichen Elementen verknüpft. In dieser Weise wurde das Element in den verschiedensten Varianten getestet und erzielte sehr gute Resultate. Die Abweichungen gegenüber dem exakten Wert lagen immer unter 1%. Vorteilhaft ist bei dieser Methode, daß man sofort einen Wert für K_I erhält und keinerlei Extrapolation erforderlich ist. Andererseits verliert man dadurch eine Vergleichsmöglichkeit bezüglich der Qualität der Lösung. Fraglich ist auch in einem praktischen Fall, wie groß der Elementradius gewählt werden darf und wieviel Entwicklungsglieder man berücksichtigen sollte.

Für die Anwendung unserer Programme auf eine echte Probengeometrie wählten wir die CT-Probe (Kompaktzugprobe Abb. 8).

In Zusammenarbeit mit der TH Magdeburg, Sektion Physik, ist eine theoretische Erfassung von besonderem Interesse ,weil dort einige experimentelle Erfahrungen mit dieser Probenform vorliegen. Abbildung 9 zeigt die von uns konstruierte MFE-Einteilung dieser Probe. Aus Symmetriegründen braucht nur die obere Hälfte betrachtet zu werden. Dabei befanden sich innerhalb des größeren Kreises um die Rißspitze (siehe Abb. 9) noch 248 Elemente, die in derselben Anordnung wie in Abb. 11 um die Rißspitze gelagert waren und in Abb. 9 wegen ihrer Winzigkeit nicht dargestellt sind. Insgesamt bestand das Netzwerk aus etwa 600 Elementen und 700 Freiheitsgraden. Das kleinste Element an der Rißspitze besaß eine Ausdehnung von $^1/_{100}$ der Rißlänge c [Abb. 8, Abb. 9].

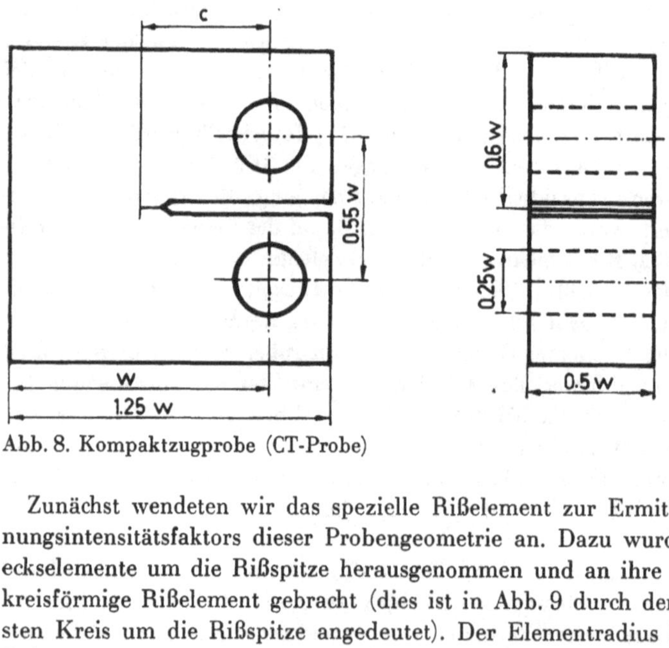

Abb. 8. Kompaktzugprobe (CT-Probe)

Zunächst wendeten wir das spezielle Rißelement zur Ermittlung des Spannungsintensitätsfaktors dieser Probengeometrie an. Dazu wurden einige Dreieckselemente um die Rißspitze herausgenommen und an ihre Stelle das halbkreisförmige Rißelement gebracht (dies ist in Abb. 9 durch den inneren kleinsten Kreis um die Rißspitze angedeutet). Der Elementradius betrug 0.04 der Rißlänge. In Tabelle 1 sind einige Ergebnisse zusammengestellt für die Probenabmessungen $w = 40$ mm, $c = 15$ mm $= 0.375$ w.

Die Probendicke wurde 1.0 gesetzt, und die Gesamtzugkraft am Loch betrug 3.864 kp. Aus der bisher bekannten Lösung [24], die durch Reihenanpassung ermittelt wurde, ergibt sich für die angenommenen Werte ein $K_{I_0} = 4.208$ kp/mm$^{3/2}$.

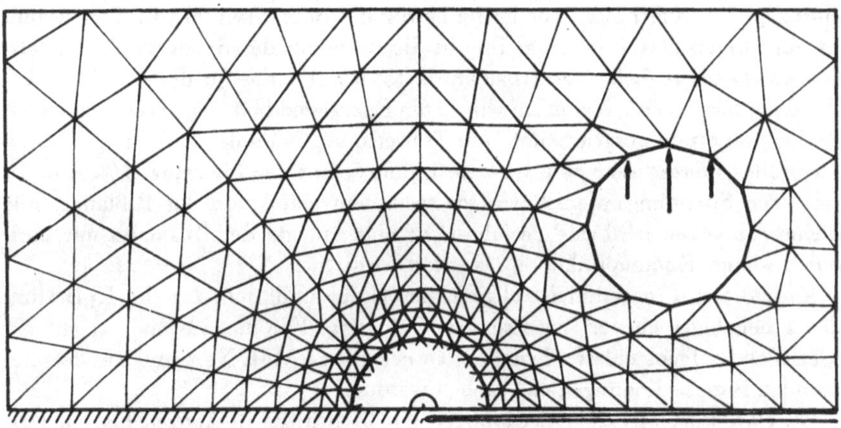

Abb. 9. Verwendete finite Element-Einteilung der CT-Probe

Tabelle 1
Mit dem Rißelement ermittelte K_I-Werte für die CT-Probe (Parameter siehe Text, R_e — Elementradius, c — Rißlänge, EWG — Zahl der benutzten Entwicklungsglieder)

	R_e/c	EWG	ermittelter K_I	Abweichung zu K_{I0}
1	0.04	1	4.171	−0.9%
2	0.04	4	4.098	−2.6%
3	0.04	1	4.159	−1.2%
4	0.1	1	4.241	+0.8%
5	0.25	1	4.347	+3.3%
6	0.25	4	4.097	−2.6%

Bei Rechnung 3 wurde anstelle der Kraftverteilung an den oberen 7 Knotenpunkten des Loches nur eine gleich große Einzelkraft im mittleren oberen Knotenpunkt angebracht. Das Ergebnis zeigt, daß die Form der angenommenen Belastungsverteilung fast keinen Einfluß auf den K_I-Wert hat. In den Rechnungen 4, 5, 6 wurde der Radius des singulären Rißelementes vergrößert. Beachtlich ist, daß bei einem Elementradius von 0.25 der Rißlänge sich noch recht gute Werte ergaben. (In Abb. 9 hätte dann das Rißelement die Abmessung des größeren inneren Halbkreises um die Rißspitze.) Durch die Benutzung eines so großen Rißelementes verringert sich der Aufwand an Dreieckselementen um 40%. Bei Verwendung von Gliedern höherer Ordnung kann der Einfluß der Rißelementgröße wesentlich ausgeschaltet werden (Rechnung 2 und 6). Für die einmalige Durchrechnung der Probe betrug die Rechenzeit 90 s CP-Zeit. Damit ist ein universelles Programm für die Bestimmung des Spannungsintensitätsfaktors ebener zugbelasteter Risse erarbeitet worden, das für die praktische Anwendung bereitsteht. Weiterhin wurde die Energiemethode von Hayes zu einem Rechenprogramm aufgearbeitet, und Testrechnungen an der einseitig gekerbten Zugprobe lieferten sehr gute Übereinstimmung mit der Literatur [14]. Abb. 10 zeigt den Spannungsintensitätsfaktor in Abhängigkeit von der Rißlänge. Für kleine Rißlängen wird das Verfahren zu ungenau, da der Riß dann nur noch durch wenige Knotenpunkte repräsentiert wird.

Auch dieses Programm ist allgemeiner Natur und steht für die K_I-Bestimmung beliebiger ebener Zugrisse zur Verfügung. Für die Anwendung auf ein spezielles Problem müssen lediglich ein geeignetes MFE-Netz und die entsprechenden Randbedingungen eingegeben werden.

Bei elastisch/plastischen Rechnungen erhöht sich die Rechenzeit um ein vielfaches, da praktisch mit jedem weiteren Lastschritt das Gleichungssystem erneut gelöst werden muß, u. U. auch mehrmals. Als ein Beispiel wurde die plastische

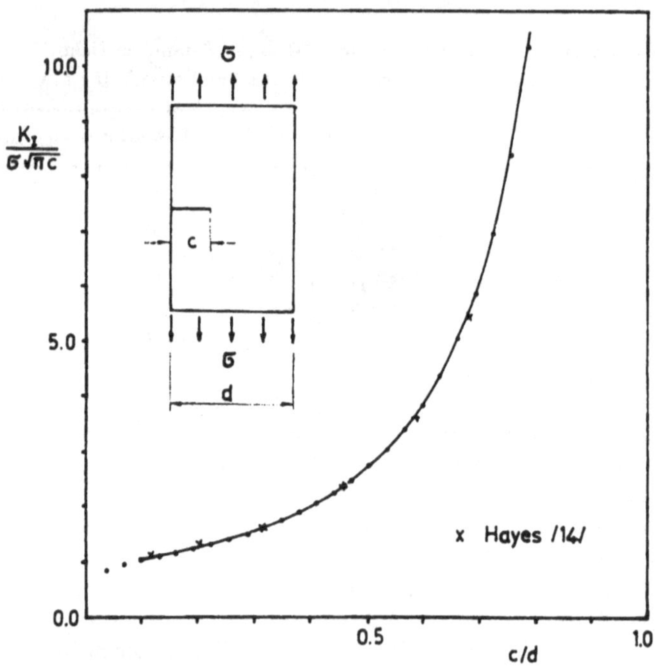

Abb. 10. Spannungsintensitätsfaktor für die einseitig gekerbte Zugprobe als Funktion der Rißlänge

Zone um eine Rißspitze im ebenen Dehnungszustand berechnet, wobei wieder die singuläre Lösung Gleichung (2) als Randbedingung benutzt wurde, was dann gerechtfertigt ist, wenn die plastische Zone klein im Vergleich zur Rißlänge ist und in erster Näherung die elastische Singularität nicht beeinflußt („small scale yielding"-Annahme). Abbildung 11 zeigt das Netzwerk und die Lage des Risses (in der Darstellung sind gegenüber der Rechnung die beiden äußersten Kreisringe mit Dreieckselementen weggelassen).

Zuerst wurde elastisch gerechnet und die Belastung so bestimmt, daß im ersten Element die Fließbedingung erfüllt war. Ausgehend von diesem Belastungswert wurde die Last in Lastschritten von jeweils 10% erhöht. Die gewählten Materialgrößen bei den plastischen Rechnungen entsprechen etwa mittelfestem Stahl (Elastizitätsmodul $E = 20\,000$ kp/mm^2, Poisson-Zahl $\nu = 0.3$, Fließspannung $= 30$ kp/mm^2, lineare Verfestigung $E_p = 1000$ kp/mm$^2 = E/20$). Die erhaltenen plastischen Zonen sind für die drei Belastungswerte $K_{I1} = 120.6$, $K_{I2} = 162.8$ und $K_{I3} = 205.0$ in Abbildung 11 dargestellt. Dazu ist als unterbrochene Linie die elastisch/plastische Grenzkurve gezeichnet, wie sie sich aus der rein elastischen Lösung Gleichung (2) für K_{I3} ergibt. Es ist ersichtlich, daß die Abweichung gegenüber einer echt plastischen Rechnung nicht allzu groß ist und hauptsächlich die Richtung der plastischen Zone nicht übereinstimmt.

Abschließend soll noch über einige erste Rechnungen an der CT-Probe bei Berücksichtigung plastischen Materialverhaltens berichtet werden. Mit dem

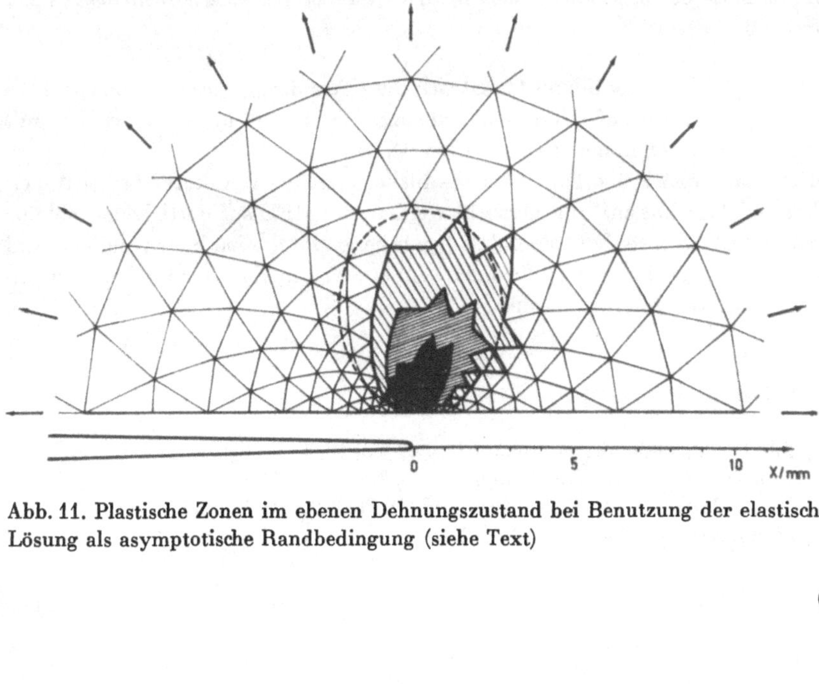

Abb. 11. Plastische Zonen im ebenen Dehnungszustand bei Benutzung der elastischen Lösung als asymptotische Randbedingung (siehe Text)

Netzwerk von Abb. 9 und oben genannten Materialkonstanten ergaben sich die in Abbildung 12 dargestellten plastischen Zonen, die den Zugkräften $F_1 = 92.0$ kp, $F_2 = 115.6$ kp und $F_3 = 148.7$ kp entsprechen.

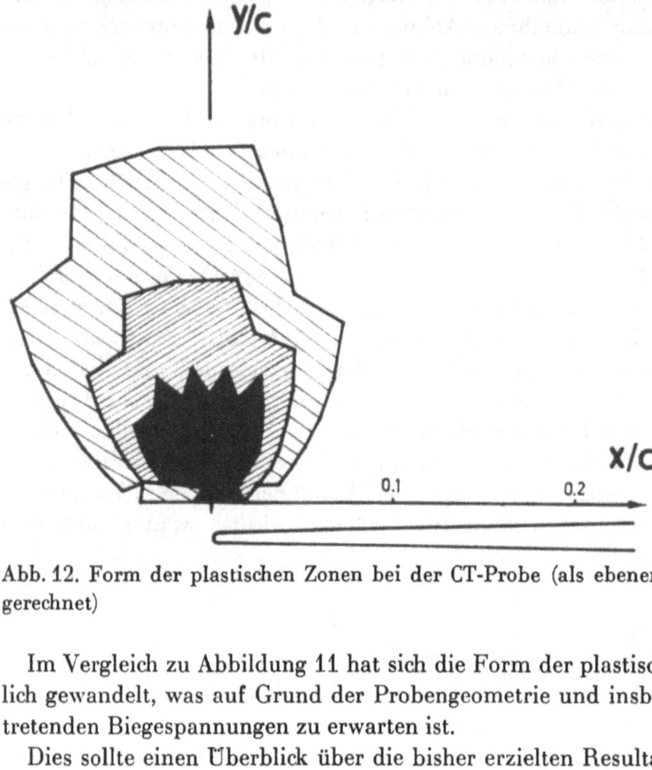

Abb. 12. Form der plastischen Zonen bei der CT-Probe (als ebener Dehnungszustand gerechnet)

Im Vergleich zu Abbildung 11 hat sich die Form der plastischen Zonen erheblich gewandelt, was auf Grund der Probengeometrie und insbesondere den auftretenden Biegespannungen zu erwarten ist.

Dies sollte einen Überblick über die bisher erzielten Resultate unserer Arbeit geben. Auch in Zukunft soll versucht werden, die MFE auf Festigkeitsprobleme in speziellen Werkstoffen (besonders heterogene Materialien bieten sich an) und zur Analyse von Prüfverfahren anzuwenden, was in Zusammenarbeit mit anderen Institutionen erfolgen muß.

Literatur

[1] Sih, G. C., „Mechanics of fracture 1", Leyden, 1973.

[2] Griffith, A. A., Phil. Trans. Royal Soc. **A 221**, 163, (1920).

[3] Irwin, G. R., J. Appl. Mech., Trans. ASME **79**, 361, (1957).

[4] Mendelson, A., „Plasticity", New York, 1968.

[5] Hutchinson, J. W., J. Mech. Phys. Solids **16**, 13, (1968).
[6] Rice, J. R., G. F. Rosengreen, J. Mech. Phys. Solids **16**, 1, (1968).
[7] Wells, A. A., Proc. Royal Soc. **A 285**, 34, (1963).
[8] Dugdale, D. S., J. Mech. Phys. Solids **8**, 1, (1960).
[9] Zienciewicz, O. C., Y. K. Cheung, „The finite element method in structural and continuum mechanics", London, 1967.
[10] Yamada, Y., N. Yoshimura, T. Sakurai, Int. J. Mech. Sci. **10**, 343, (1968).
[11] Zienciewicz, O. C., S. Valliapan, I. P. King, Int. J. num. Meth. Engng. **1**, 75, (1969).
[12] Chan, S. K., I. S. Tuba, W. K. Wilson, Engng. Fract. Mech. **2**, 1, (1970).
[13] Rice, J. R., J. Appl. Mech. **35**, 379, (1968).
[14] Hayes, D. J., Int. J. Fract. Mech. **8**, 157, (1972).
[15] Hayes, D. J., G. C. Williams, Int. J. Fract. Mech. **8**, 239, (1972).
[16] Wilson, W. K., „Mechanics of fracture 1", ed. G. C. Sih, Leyden, 1973, p. 484.
[17] Ogleshby, J. J., O. Lomacky, Trans. ASME **95**, 177, (1973).
[18] Tracey, D. M., Engng. Fract. Mech. **3**, 255, (1971).
[19] Hilton, P. T., J. W. Hutchinson, Engng. Fract. Mech. **3**, 435, (1971).
[20] Anderson, D. M., Engng. Fract. Mech. **5**, 223, (1973).
[21] Miyamoto, H., M. Shiratori, T. Miyoshi, J. Faculta of Engng., Univ. Tokyo **31**, 218, (1971).
[22] Miyamoto, H., T. Miyoshi, 3. Int. Tagung über den Bruch, München 1973, Tagungsberichte Teil 2/I—512.
[23] Levy, N. J., P. V. Marcal, J. R. Rice, Nucl. Engng. Design **17**, 64, (1971).
[24] Book of ASTM Standards, Part 31, 1099, (1969).

Anmerkungen

Die seit dem Vortrag im Jahre 1974 erhaltenen Ergebnisse seien zur Ergänzung kurz erwähnt. Besonders für die Berücksichtigung elastisch-plastischen Materialverhaltens wurde die MFE weiter ausgebaut, und ausführliche Berechnungen bruchmechanischer Testproben vom elastischen bis hin zum vollplastischen Zustand liegen vor. Die Aufmerksamkeit war auf bruchmechanisch interessierende Parameter gerichtet, wie COD und J-Integral. Es konnten wichtige Aussagen über deren Abhängigkeit von der Belastung, der Probengeometrie, dem Verfestigungsverhalten und über ihre Relationen untereinander gewonnen werden.
(Siehe Forschungsbericht, Oktober 1975.)

Volker Schmidt

Fraktographie

Sofern hinreichende Untersuchungsmethoden zur Verfügung stehen, kann aus Bruchflächenuntersuchungen grundsätzlich folgendes ermittelt werden: mikroskopische Defekte als Bruchursachen bzw. technologisch bedingte Fehler (Gußfehler, Einschlüsse, Walzfehler), Bruchverhalten (spröd, halbspröd, duktil) bzw. Ausmaß der plastischen Verformung in der Umgebung der Rißspitze, örtlicher Bruchverlauf bzw. Bruchausbreitungsrichtung, Art der Belastung (Scherung, Zug, Wechsellast), Versprödungseffekte und -ursachen (Korngrenzenversprödung, Umgebungseinfluß u. a.), Konzentration und Größe von Ausscheidungen, Phasen u. a. Wichtige Untersuchungsmethoden sind Lichtmikroskopie, Transmissionselektronenmikroskopie, Rasterelektronenmikroskopie, Röntgenmikroanalyse, massenspektrometrische Analyse, Röntgenbeugung, Elektronenbeugung, Elektronen-„Channeling-Pattern“ und Auger-Spektroskopie. Sehr zweckmäßig ist z. B. der gekoppelte Einsatz eines Rasterelektronenmikroskops mit EDAX-Zusatz (energiedispersive Röntgenmikroanalyse).

Wir verfügen in Halle einerseits über wichtige der genannten Geräte, andererseits über Grundlagenkenntnisse über den Bruch und haben selbst an spröden Systemen ausführlich fraktographisch gearbeitet. Daher wurde vor etwa zwei Jahren damit begonnen, die Geräte für Schadensfallanalysen zur Aufklärung der Bruchursache bzw. des Bruchverhaltens technischer Werkstoffe zu nutzen und gleichzeitig die erhaltenen Ergebnisse zu einer Erfahrungssammlung Fraktographie aufzubereiten. Ziel der Erfahrungssammlung sollte sein: Erkenntniszuwachs über die Bruchfälle, methodische Vertiefung der Bruchuntersuchungen und Ermöglichung vergleichender Diagnose bei ähnlichen Fällen. Der volkswirtschaftliche Nutzen dieser Aufgabe ist offensichtlich. Über die Zielstellung der Erfahrungssammlung wurde bereits in der Klasse vor etwa 2 Jahren berichtet.

Inzwischen sind zahlreiche Bruchflächenuntersuchungen, zumeist an Stählen, durchgeführt worden. Die Interessenten bzw. Auftraggeber waren Institute und Betriebe. Weitere Untersuchungen im Auftrag der Industrie laufen zur Zeit.

Die Bearbeitung eines Schadensfalles läuft etwa so ab:

1. Diskussion mit den Auftraggebern über Art und Umfang der Schadensfälle, Einsatzbedingungen und Festigkeitskennwerte des Materials, ebenso über technologische Herstellungsstufen, Zielstellung des Auftrags, Festlegung des Probenmaterials u. a.
2. Lichtmikroskopische Untersuchung, Anfertigung von Übersichtsaufnahmen der Bruchflächen, was meist schon eine Lokalisierung des Rißursprungsgebietes ermöglicht.
3. Rasterelektronenmikroskopische Untersuchung des Rißursprungsgebiets (Übersichts- und bruchvergrößerte Aufnahmen), gegebenenfalls gekoppelt damit Röntgenmikroanalyse (EDAX-Untersuchung) von interessierenden Bruchflächendetails.
4. Lichtmikroskopische und rasterelektronenmikroskopische Untersuchungen (evtl. gekoppelt mit EDAX) von Schliffen (z. T. nach verschiedenen Ätzbehandlungen) in einigen Ebenen durch interessierende Gebiete der Probe — damit können meist schon genaue Lokalisierung des Rißursprungs, Bruchverhalten, bruchbestimmende Belastungsart und Hinweise auf bruchauslösende Materialdefekte und sonstige Abweichungen von festgelegten Anforderungen an das Material bzw. an die Einsatzbedingungen ermittelt werden.
5. Diskussion mit den Auftraggebern über erhaltene Ergebnisse, zur Überprüfung der Ergebnisse Festlegung weiterer Untersuchungen (z. B. Mikrohärtemessungen, Kerbschlagversuche und andere gezielte Versuche am Material) bzw. Weiterführung der bisherigen Untersuchungen an ausgewählten Proben u. a.
6. Nach Abschluß der Zusatzuntersuchungen und Vergleich der erhaltenen Ergebnisse erneute gemeinsame Diskussion über die Resultate und über Maßnahmen zur Vermeidung der Schadensfälle.
7. Anfertigung des Abschlußberichtes über ermittelte Ursachen des Schadensfalles nach vorgegebener Systematik, Einordnen eines Exemplars in die Erfahrungssammlung und Erfassung charakteristischer Daten auf Karteikarten und in Zuknuft Verschicken der Karten an interessierte Einrichtungen.

Diese Berichte der Erfahrungssammlung sind etwa nach folgendem Schema gegliedert:

1. Beschreibung des Materials
   1.1. elastisch-plastische Eigenschaften
   1.2. chemische Zusammensetzung
   1.3. metallurgische Behandlung

2. Beschreibung der Probe
    2.1. technischer Verwendungszweck
    2.2. weitere Vorbehandlung der Probe
    2.3. Bedingungen bei bzw. zur Bruchentstehung
    2.4. makroskopische Charakterisierung der Bruchfläche
3. Aufgabenstellung der rasterelektronenmikroskopischen Untersuchung
4. Diskussion der Ergebnisse
5. kurze zusammenfassende Charakterisierung des Bruches.

Beispiele für bruchauslösende Defekte sind in Abb. 1 und Abb. 2 dargestellt. Die Ursachen für die in Abb. 1 erkennbare Kornversprödung konnten mit Hilfe der Röntgenmikroanalyse geklärt werden. Die Art der Metalloxidhäute des Gußfehlers (Abb. 2) wurde mit EDAX und zusätzlich mit einer Elektronenmikrosonde (für die Sauerstoffbestimmung) ermittelt.

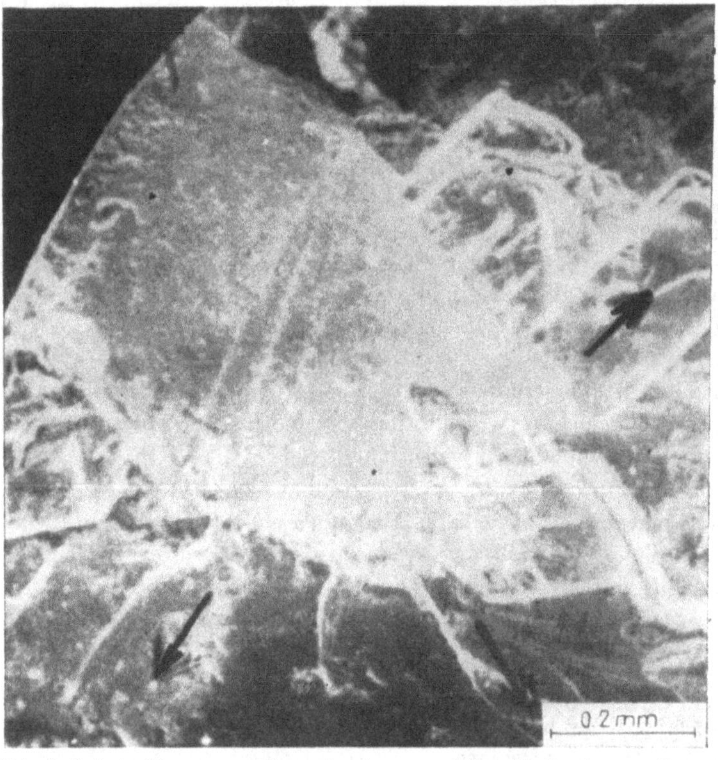

Abb. 1. Lokale Kornversprödung in einer speziellen Fe-Legierung. Rasterelektronenmikroskopische Aufnahme

Die Aufklärung der Bruchursachen ist die eine Seite, die Durchsetzung von Forderungen an die Technologie oder in speziellen Fällen zusätzlich an erforderliche kurz- oder mittelfristige Industrieforschung (bzw. angewandte Forschung z. B. von Einrichtungen der AdW) die andere, außerhalb der Kompetenz eines AdW-Instituts liegende Seite.

Die im Institut zusätzlich zu den laufenden Forschungsarbeiten aufgenommenen Schadensfalluntersuchungen lassen folgendes deutlich werden:

1. Es sind mit vielseitigen modernen Forschungsmethoden und -kapazitäten ausgerüstete Einrichtungen erforderlich, um die in der DDR notwendigen Schadensanalysen durchführen zu können.
2. Zweckmäßig wäre eine zentrale bzw. koordinierende und — bei juristischen Fragen, technologischen oder forschungsbezogenen Forderungen — entscheidungskompetente Einrichtung.

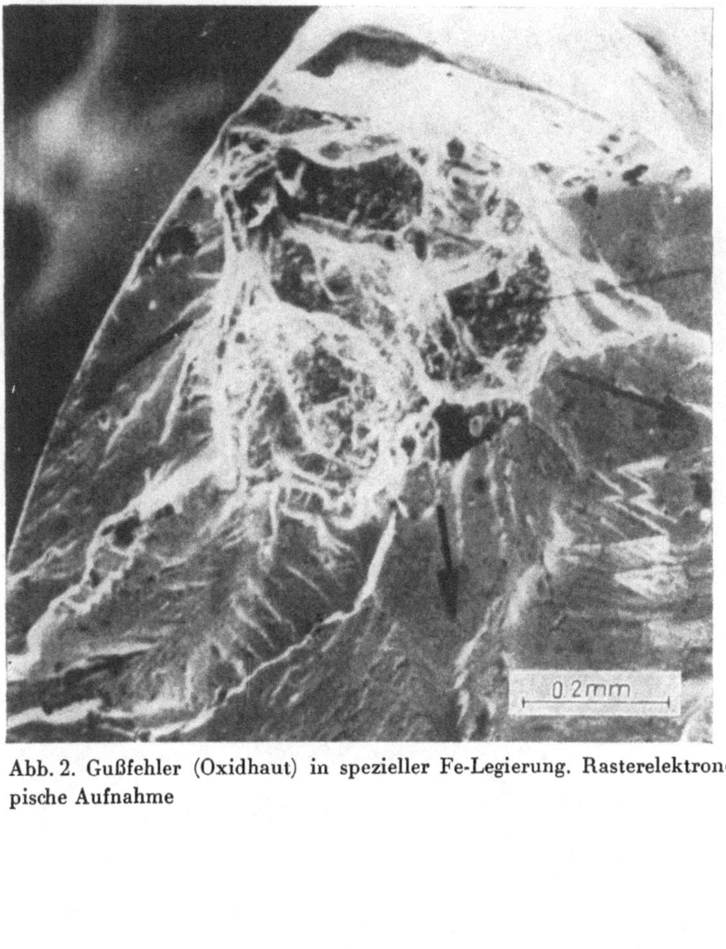

Abb. 2. Gußfehler (Oxidhaut) in spezieller Fe-Legierung. Rasterelektronenmikroskopische Aufnahme

3. Die getroffene Entscheidung zur Aufnahme von Schadensfalluntersuchungen im Institut als Beitrag zur Lösung volkswirtschaftlicher Probleme hat schon in zahlreichen Fällen Nutzen gebracht.

Insgesamt beteiligen sich an fraktographischen Untersuchungen im vorstehend genannten Sinne weitere Einrichtungen: das Zentralinstitut für Festkörperphysik und Werkstofforschung der AdW in Dresden, die Technische Hochschule Magdeburg, die Bergakademie Freiberg und die Technische Universität Dresden. Im Juni 1973 wurde eine Arbeitsgemeinschaft Fraktographie gegründet mit folgender Zielstellung: Kooperation, Abstimmung, optimale gegenseitige Gerätenutzung, einheitliche Erfassung und Dokumentation der untersuchten Fälle und Erfahrungsaustausch in regelmäßigen Zusammenkünften. Weiterhin wird in Zukunft ein enger Kontakt mit Industriebetrieben und damit gekoppelten Einrichtungen angestrebt, in denen Schadensfalluntersuchungen durchgeführt werden.

Gerhard K. Schmidt

Ver- oder Entfestigung und Mikrorißbildung bei mechanischer Wechselbeanspruchung

1. Einleitung

Werden Bau- oder Konstruktionsteile von Bauten bzw. von Maschinen wechselnder Zug-Druck- oder Biegebeanspruchung ausgesetzt, so kann es bei ungeeigneter Dimensionierung geschehen, daß ohne große Voranzeichen nach beispielsweise einigen 10^5 Lastwechseln (Lastspielzahlen N) ein Ermüdungsbruch eintritt. In diesem Fall wird das zerstörte Bau- oder Konstruktionsteil also während der 10^5 Wechselbeanspruchungen strukturell so „zerrüttet" oder „latent ermüdet" worden sein, daß es nicht in der Lage ist, mehr als 10^5 Lastwechsel zu ertragen.

Aus dieser Latenz und darüber hinaus natürlich vor allen Dingen aus allgemein ökonomischen Gründen resultiert die Notwendigkeit, grundlegende Werkstoffermüdungs-Forschungen zu betreiben.

In folgenden Abschnitten soll versucht werden, das Vorgehen bei Untersuchungen, einige Ergebnisse und darüber hinaus Vorstellungen über Ermüdungsvorgänge in Werkstoffen darzustellen. Es werden dabei jedoch nur die Prozesse betrachtet, die in der Beanspruchungsphase der Ver- bzw. Entfestigung und der Mikrorißbildung liegen. Ausgegangen wird dabei von der sinnvollen Einteilung, die die von der Probe vom Anfang bis zum Ende einer Ermüdungsbeanspruchung durchlaufenen Stadien und Prozeßphasen folgendermaßen festlegt: *Anfangsstadium* ($N = 0$; „harter" oder „weicher" Werkstoff) → Prozeß der Ver- bzw. Entfestigung → *Sättigungsstadium* ($N = N_s$; geschlossene Hysteresekurven) → Prozeß der Mikrorißbildung → *Mikrorißstadium* ($N = N_R$; Risse entlang von „Ermüdungsbändern" oder Korngrenzen) → Prozeß der Rißausbreitung → *Ermüdungsbruchstadium* ($N = N_B$; Trennbruch).

Wegen des bereits vorhandenen umfangreichen Ergebnismaterials auf dem Werkstoffermüdungssektor von kubisch-flächenzentrierten Materialien und wegen teilweise ausgereifter Vorstellungen über die einsinnige Plastizierung bei Werkstoffen dieses Gittertyps beziehen sich die Betrachtungen hauptsächlich auf kubisch-flächenzentriertes Material. Es scheint darüber hinaus verständlich zu sein, das grundlegende Ermüdungsverhalten an einphasigen Werkstoffen plausibel zu machen. Untersuchungsergebnisse lassen vermuten, daß auch in mehrphasigen Werkstoffen die folgend beschriebenen Ermüdungseffekte auftreten, wenn in nur einem gut plastisch verformbaren Phasenbestandteil die spezifischen Ermüdungsprozesse ablaufen.

2. *Ver- bzw. Entfestigung*

2.1. Mechanische Untersuchungsergebnisse

Die grundlegende Untersuchungskurve der Ermüdungsforschung ist die mechanische Hysteresekurve, bei der in einer σ-ε-Darstellung der zyklische, durch Amplitudenwerte begrenzte Belastungs-Verformungs-Vorgang erfaßt ist. Aus der Hysteresekurve folgt durch Hinzunahme von weiteren Parametern die „zykl. Spannungs-Dehnungs-Kurve" (bei Erweiterung um die Sättigungswerte σ_{as}) und die „Manson- oder Wöhlerkurve" (bei Erweiterung um die Bruchlastspielzahl N_B).

Je nach Versuchsführung unterscheidet man 3 unterschiedliche Beanspruchungsfälle bei konstanter Amplitude σ_a oder ε_a oder ε_{pla}, die in Abb. 1 dargestellt sind. Bei sich entfestigendem, beispielsweise walzhartem Material verläuft die Wechselentfestigungskurve wie die Spiegelung der Verfestigungskurve an einer Parallelen zur N-Abszisse oberhalb dieser Koordinatenachse. Für grundlegende Untersuchungen erweist sich die Versuchsführung $\varepsilon_{pla} = K_3$ als günstig, da unter anderem bei ihr in jedem Zyklus über Versetzungsbewegungen eine gleiche plastische Deformation ($\equiv$ Plastizierung) erzwungen wird. Untersuchungsergebnisse der Versuchsführung $\varepsilon_{pla} = K_3$ sind angenähert vergleichbar mit Ergebnissen der Versuchsführung $\varepsilon_a = K_2$.

Die Gesamtheit der amplitudenabhängigen Stadien des in der Einleitung genannten Sättigungsstadiums, für das eine geschlossene Hysteresekurve typisch ist, wird bei der Versuchsführung mit jeweils konstanter plastischer Amplitude durch die zyklische Spannungs-Dehnungskurve (ZSD-Kurve) erfaßt. Es ergibt sich aus Amplitudenwechselversuchen das wichtige Ergebnis für kubisch-flächenzentriertes Material, daß bei Polykristallen die ZSD-Kurve unabhängig von der zyklischen Vorgeschichte (also universell), bei Einkristallen jedoch abhängig von der zyklischen Vorgeschichte (also nicht universell) ist [1]. Damit besitzt die dem Sättigungsstadium zugeordnete ZSD-Kurve von polykristallinem Material einen Informationsinhalt, der bei dem Aufstellen von Korrelationen zum Mikroriß- und Ermüdungsbruchstadium beachtet werden sollte.

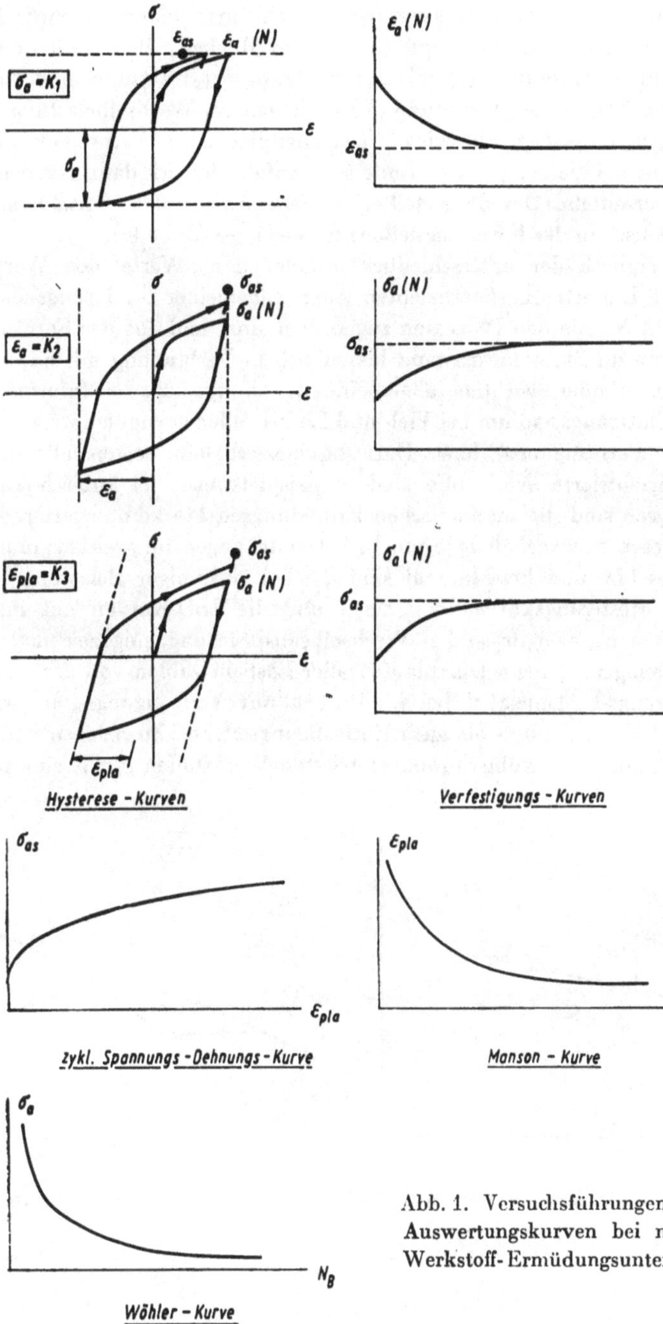

Abb. 1. Versuchsführungen und Auswertungskurven bei mechanischen Werkstoff-Ermüdungsuntersuchungen

Unter einem Amplitudenwechselversuch versteht man einen Versuch, bei dem eine Probe des Ausgangsstadiums (Amplitude (0)) beispielsweise bei einer kleinen Amplitude (Amplitude (1)) bis zur Sättigung (σ_{as1}) ermüdet und dann bei einer großen Amplitude (Amplitude (3)) nach weiterer Wechselbelastung bis zur Sättigung (σ_{as3}) beansprucht wird. Nach anschließender Wechselbelastung bis zur Sättigung bei kleiner (1)-Amplitude ist ebenfalls der sich dann ergebende $\sigma_{as1}{}^*$-Wert zu ermitteln. Der dargestellte, spezielle Amplitudenwechselversuch läßt sich symbolisch in der Form darstellen: (0) → (1) → (3) → (1).

Aus dem Vergleich der unterschiedlich erhaltenen σ_{as}-Werte, den Werten der Ver- bzw. Entfestigungskoeffizienten oder allgemeiner Änderungskoeffizienten $(\Delta\sigma_a)/(\Delta N)$, die den Prozessen zugeordnet sind, und aus der Form der Hysteresekurven im Sättigungszustand lassen sich in Verbindung mit anderen Untersuchungsmethoden wichtige allgemeine metallphysikalische Informationen über das Sättigungsstadium bei Viel- und Einkristallen gewinnen.

Eindeutiges Verfestigungs- bzw. Entfestigungsverhalten zeigen allgemein kubisch-flächenzentrierte Werkstoffe. Jedoch beispielsweise bei kubisch-raumzentriertem Eisen sind die mechanischen Ermüdungseffekte komplizierter. Die Abb. 2 soll diesen Sachverhalt belegen. In 2 Darstellungen für weichgeglühtes, polykristallines kfz- und krz-Material sind die bei einsinniger Belastung sich ergebenden Verfestigungskurven $\sigma = \sigma(\varepsilon_{pl})$ und die ZSD-Kurven mit ihren Sättigungswerten $\sigma_{as} = \sigma_{as}(\varepsilon_{pla})$ bei Wechselbeanspruchung eingezeichnet. Es ergeben sich demgemäß beim Durchlaufen aller Lastspielzahlen von der ersten bis zur Sättigungs-Lastspielzahl bei kfz-Proben nur Verfestigungs-, bei krz-Proben sowohl Verfestigungs- als auch Entfestigungseffekte. Zu belegen ist [2], daß dieses Verhalten bei kubisch-raumzentrierten Werkstoffen durch eine ma-

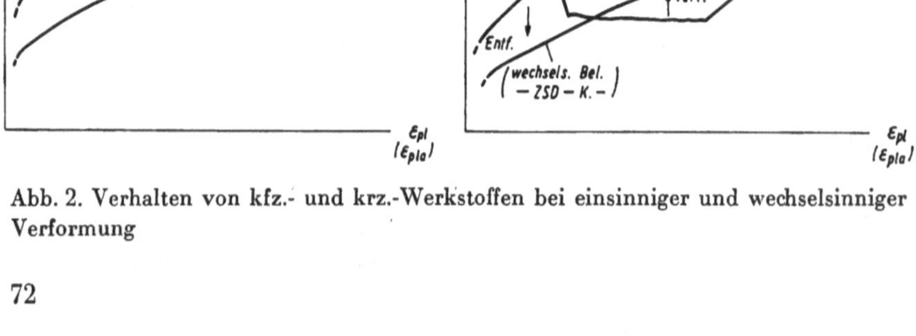

Abb. 2. Verhalten von kfz.- und krz.-Werkstoffen bei einsinniger und wechselsinniger Verformung

kroskopisch inhomogene Wechselplastizierung ähnlich der plastischen Lüdersbanddeformation bei einsinniger Verformung bedingt ist. Beim kubisch-raumzentrierten Material überlagern sich also bei Ermüdungsprozessen den makroskopischen Homogenitätseffekten makroskopische Inhomogenitätseffekte.

2.2. Metallographische Untersuchungsergebnisse Gleitstrukturen auf der Oberfläche

Werden in unterschiedlichen Punkten der Wechselverfestigungskurven verschiedener ε_{pla}-Werte unter Nutzung der Möglichkeit der Zwischenpolitur die Gleitspuren auf der Oberfläche weichgeglühten kubisch-flächenzentrierten Materials in Ein- oder Vielkristallform untersucht, so ergibt sich unter Vernachlässigung von Feinheiten [3], [4], [5], [6] folgendes Bild:

Bei kleinen Lastspielzahlen im Bereich der starken Verfestigung treten in Richtung der Oberflächenspur des primären Gleitsystems gleichmäßig verteilte, lange Gleitbänder auf, die eine gewisse Ähnlichkeit mit den Gleitbändern einsinnig verformter Proben besitzen. Diese bei Wechselplastizierung auftretenden langen Gleitbänder zeigen eine Amplitudenabhängigkeit insofern, als sie bei kleinen Amplituden schwach und bei großen Amplituden stärker in Erscheinung treten. ——— Wird eine Probe nach Zwischenpolitur bei größeren Lastspielzahlen im Bereich der Sättigung ermüdet, so bilden sich auf der Oberfläche in Richtung der ursprünglichen, langen Gleitlinien kurze Ermüdungsbänder (F-Band, fatigue band, persistentes Gleitband, persistent slip band) aus. Bei kleinen plastischen Amplituden oberhalb eines Bereiches zeigt die F-Band-Dichte kleine, bei großen Amplituden große Werte.

2.3. Ätzstrukturen auf ausgewählten Gitterebenen

Mit Hilfe des potentiostatischen Ätzens [7] ist die Möglichkeit gegeben, Einzelversetzungen bei sehr kleiner Versetzungsdichte und Versetzungsanordnungen bei großer Versetzungsdichte sichtbar zu machen. Es erweist sich als sinnvoll, ähnlich wie bei der Untersuchungstechnik der Transmissions-Elektronenmikroskopie (TEM) in den Untersuchungsproben Ebenen herauszupräparieren und diese auf ihre Versetzungsstruktur-Projektion zu untersuchen. Als Präparationsebene wird bei Einkristallen die Gleitebene und eine zugeordnete Quergleitebene ausgewählt. Es zeigen sich bei Einkristallen folgende Versetzungsstrukturen jeweils in den Sättigungsstadien der ZSD-Kurve:

Bei kleinen Amplituden findet man bei Einkristallen in der Gleitebene versetzungsdichte Gebiete, die von angenähert senkrecht zur Gleitrichtung ausgedehnten Kanälen umrandet sind. Durch Untersuchungen der Ätzstrukturen in der Quergleitebene erweisen sich die versetzungsdichten Gebiete der Gleitebene als senkrecht zur Gleitebene stärker ausgedehnte, kompakte Raumgebiete, die von versetzungsarmen Randschichten umgeben sind. Mittlere Amplituden lassen zwischen vorhandenen F-Bändern eine über Ätzstrukturen der Gleit- und der Quergleitebene sichtbar gemachte räumliche Bündel- oder Adernstruktur versetzungsdichter Gebiete entstehen. Bei großen Amplituden bilden sich außerhalb der F-Band-Bereiche in Einkristallen ebenfalls Bündel- oder Adernstrukturen versetzungsdichter Gebiete aus. ——— Mit Hilfe der angewandten Ätztechnik, die speziell auf Quergleitebenen bei Einkristallen angewendet wird, läßt sich eindeutig zeigen, daß die Struktur räumlich unterhalb eines F-Bandes sich nur bei Einkristallproben durch die gesamte Probe erstreckt [8].

2.4. TEM-Untersuchungsergebnisse

TEM-Aufnahmen von ermüdeten Ein- und Vielkristallen liefern Informationen über die Feinstruktur der mit dem potentiostatischen Ätzverfahren erhaltenen Übersichten über die Versetzungsanordnungen. Es zeigen sich in den Sättigungsstadien bei verschiedenen plastischen Amplituden folgende Versetzungsstrukturen:

Bei kleinen Amplituden ermüdetes kubisch-flächenzentriertes Material besitzt bei Ein- und Vielkristallen neben versetzungsarmen Gebieten eine räumliche, lockere Bündelstruktur von vorwiegend Stufenversetzungen in versetzungsdichten Gebieten. Diese Gebiete haben eine Form, die bereits in 2.2. beschrieben ist. Mittlere Amplituden bilden bei Ein- und Vielkristallen eine festere Bündel- oder Adernstruktur versetzungsdichter Gebiete aus, die hauptsächlich ebenfalls aus Stufenversetzungen bestehen. Die räumliche Ausdehnung der Gebiete ist im Abschnitt über die Ätzstrukturen bereits beschrieben. Größere plastische Amplituden führen bei Einkristallen zu räumlichen Bündel- oder Adernstrukturen und bei Vielkristallen eindeutig zur Zellstruktur [1] . ——— Räumlich unterhalb eines ausgebildeten F-Bandes in der Gleitebene existiert eine leiterstufenähnliche Struktur von Versetzungen. Die „Leiterstufen“ von Versetzungsanordnungen liegen senkrecht zur aktivierten Gleitebene. In der Gleitebenenprojektion scheint sich diese Leiterstruktur nicht sehr von der der festen Bündelstruktur zu unterscheiden. Bedeutungsvoll ist, daß sich die F-Band-Struktur nur bei Einkristallen durch den gesamten Kristall erstreckt. Bei

Vielkristallen bleibt diese spezielle Struktur jeweils auf einzelne Kristallite beispielsweise des Oberflächenbereiches beschränkt. Die Kristallitgrenzen stellen also Hindernisse bei der F-Band-Ausbreitung dar.

2.5. Zusammenfassendes zur Ausbildung des Sättigungsstadiums

Der Verfestigungs- bzw. Entfestigungsprozeß in einem wechselbeanspruchten Material beispielsweise kubisch-flächenzentrierter Struktur, der schließlich zum Sättigungsstadium führt, läßt sich zusammenfassend zweckmäßig mit dem Maß der Lastspielzahlen verfolgen.

Beim Beanspruchungsbeginn der Wechselbelastung bis $N = 1/4$ wird die Probe einsinnig elastisch-plastisch verformt. Durch die wiederholten Belastungswechsel finden einmal Wechselwirkungen zwischen den an der Plastizierung beteiligten Versetzungen, zum anderen Formierungsprozesse der Versetzungen statt. Je nach Versetzungsstruktur des Ausgangsstadiums treten Verfestigungs- oder Entfestigungseffekte auf. Der Sachverhalt des Formierens von Versetzungen läßt sich unter anderem damit belegen, daß im einsinnig stark beanspruchten Material die Versetzungsdichte grob geschätzt bei $\varrho = 10^{10}/\text{cm}^2$, bei wechselsinnig mit mittleren Amplituden verformten Proben jedoch bei $\varrho = 10^{12}/\text{cm}^2$ liegt.

Nach dem Erreichen einer Sättigungslastspielzahl N_s ist der Formierungsprozeß abgeschlossen, es existieren versetzungsdichte und versetzungsdünne Bereiche. Durch „reversible" Bewegung beweglicher Versetzungen in den versetzungsdünnen Bereichen werden die erzwungenen Zyklen in geschlossener Hysteresekurvenform durchlaufen. In einem Hysteresezyklus bauen sich im Material Eigenspannungsfelder auf und ab. Die Eigenspannungsfelder nach maximaler Zugbeanspruchung sind entgegengesetzt gleich den Eigenspannungsfeldern nach maximaler Druckbeanspruchung.

Da der Formierungsprozeß bei kleineren plastischen Amplituden nicht groß ist, bildet sich eine lockere Bündelstruktur aus. Bei größeren Formierungen entsteht eine feste Bündelstruktur.

Die Bündelstruktur, die sich beispielsweise bei einem Verfestigungsprozeß geglühten Materials ausgebildet hat, scheint allgemein nicht in der Lage zu sein, sich Wechselbelastungen mit höheren Verformungswerten in Spannungs-Konzentrationspunkten der Probe direkt anzupassen. Die Anpassung erfolgt über eine Umlagerung oder speziell einen Zusammenschluß in Richtung senkrecht zur Gleitebene der versetzungsdichten Gebiete zu F-Band-Strukturgebieten mit erleichtertem Plastizierungsvermögen. Da die Spannungsspitzen bei einphasigem Material u. a. hauptsächlich wegen der Oberflächenrauhigkeit an der

Probenoberfläche liegen, laufen von dort aus F-Band-Bildungsprozesse ab. Bei Einkristallen laufen F-Bänder durch den ganzen Einkristall, bei Vielkristallen nur bis zur nächsten Korngrenze.

3. Bemerkungen zum Mikrorißstadium

Zum Rißbildungsprozeß sind zur Zeit noch keine eindeutigen Aussagen zu machen. Weder über die Lage noch über die metallphysikalischen Mechanismen der Entstehung von Mikrorissen herrscht Klarheit.

Es scheint plausibel zu sein, daß überall dort, wo während der Ermüdungsbeanspruchung Spannungsspitzen auftreten, die Mikrorißbildung begünstigt wird. Da an der Probenoberfläche beispielsweise durch Oberflächenrauhigkeiten, durch Gleitstrukturen oder auch durch überlagerte Biegebeanspruchungen Extremwerte des Spannungstensors existieren können, sind Oberflächenbereiche besonders rißgefährdet. Speziell an der Probenoberfläche einphasiger Werkstoffe bilden sich Ermüdungsmikrorisse an F-Bändern oder an Korngrenzen aus. Diese Deformationsbänder oder Korngrenzen sollten auch als Stellen größerer Spannungskonzentration angesehen werden. Aber auch im Inneren ermüdungsbeanspruchter Materialien, die Inhomogenitäten beispielsweise in Form von Ausscheidungen usw. aufweisen, können Mikrorisse entstehen.

Über Entstehungsmechanismen von Ermüdungsrissen sind unterschiedlichste Vorstellungen bekannt geworden. Es wurden Rißbildungsmodelle vorgeschlagen, bei denen durch Versetzungsbewegungen in Oberflächenbereichen Risse entstehen. Auch Möglichkeiten des Driftens und Clusterns von Leerstellen wären in Erwägung zu ziehen. Aus Vorstellungen der Wärmefluktuationen [9], die von Shurkow und Mitarbeitern formuliert und bei einsinniger Belastung experimentell belegt werden konnten, scheinen sich besonders günstige Möglichkeiten der Erklärung der Mikrorißentstehung entwickeln zu lassen. Grundlegende Untersuchungen dazu liegen noch nicht vor.

4. Zusammenfassung

Nach einer Grobübersicht über mögliche Tendenzen metallphysikalischer Forschung auf dem Werkstoff-Ermüdungssektor wird im zusammenfassenden Einführungsbeitrag das wichtigste mechanische und strukturelle Verhalten von mechanisch ermüdeten, einphasigen Materialien bei Ver- bzw. Entfestigungsprozessen und im Sättigungsstadium beschrieben. Die Betrachtungen schließen

Viel- und Einkristalle ein. Zum Problem der Ermüdungsrißbildung sind einige Bemerkungen formuliert, die mögliche metallphysikalische Arbeitsrichtungen plausibel machen.

Literatur

[1] Mecke, K., phys. stat. sol. (b) (im Druck).
[2] Holste, C., Terentjew, B. F., Problemi protschnosti 11, (1973), 3.
[3] Basinski, S. J., Basinski, Z. S., Howie, A., phil. mag. 19, (1969), 899.
[4] Lukáš, P., Klesnil, M., phys. stat. sol. 37, (1970), 833.
[5] Feltner, C. E., Laird, C., acta metallurg. 15, (1967), 1621.
[6] Grosskreutz, J. C., phys. stat. sol. (b) 47, (1971), 11.
[7] Worch, Dissertation (TU Dresden) 1971.
[8] Mecke, K., noch unveröff. Mitteilung.
[9] Sluzker, A., Ideen d. exakten Wissens 7 (1970).

Günter Schott

Rißausbreitung bei mechanischer Wechselbeanspruchung

Rein elastische Wechselverformungen eines Bauteiles rufen keine Ermüdungserscheinungen oder Schädigungen hervor. Treten hingegen bei ausreichend hohen Wechselbelastungen wenigstens mikroplastische Verformungen auf, so ist nach Wechselverfestigung mit Rißbildung und Rißausbreitung bis zum völligen Versagen des Bauteiles zu rechnen. Da in der Regel die Rißausbreitungsphase den größten Teil der Lebensdauer ausmacht, ist die Kenntnis der Vorgänge, die die Rißausbreitung bestimmen, für den Konstrukteur und den Festigkeitsingenieur unbedingt erforderlich. Die folgenden Darlegungen vermitteln Grundlagen über die Ermüdungsrißausbreitung und weisen auf Möglichkeiten für eine Verbesserung des Schwingfestigkeitsverhaltens der Bauteile hin.

1. Rißbildungsstellen

Die Ermüdungsrisse beginnen in der Regel an der Bauteiloberfläche, bevorzugt im Kerbgrund von konstruktiv bedingten Kerben, wie zum Beispiel Bohrungen und Querschnittsübergänge. Auch die bei der Oberflächenbearbeitung erzeugten Mikrokerben oder die durch falsche Wärmebehandlung u. U. entstehenden Härterisse sind fast stets infolge der hier auftretenden Spannungskonzentration Rißbildungsstellen. Als Rißquellen gelten außerdem die an der Bauteiloberfläche vorhandenen Korn- und Zwillingsgrenzen. Rißkeimstellen können auch durch schädigende Medien, die die Bauteile umgeben, erzeugt werden; so nehmen z. B. Risse ihren Ausgang von Rostnarben, Lochfraßstellen usw. Aber auch die während der Ermüdungsbeanspruchung entstehenden topographischen Veränderungen an der Bauteiloberfläche (z. B. Gleitstufen, Ex- und Intrusionen) kommen als Rißbildungsstellen in Betracht.

In gewissen Fällen beginnt der Riß nicht an der Oberfläche, sondern an Einschlüssen und Ausscheidungen im Bauteilinneren. Bei entsprechender Eigenspannungsverteilung im Bauteil können dort, wo die aus der äußeren Belastung und der Eigenspannung resultierende Zugspannung eine ausreichende Höhe erreicht, Anrisse zustande kommen.

Wie die Untersuchungen der Ermüdungsvorgänge bis zur Rißbildung belegen, entstehen Ermüdungsrisse vorzugsweise in ausscheidungsfreien Zonen, die entweder bereits vor der zyklischen Belastung im Werkstoff vorhanden waren, oder sich während des Ermüdungsprozesses bilden.

Aus den vorangegangenen Angaben über mögliche Rißbildungsstellen lassen sich leicht einfache Maßnahmen ableiten, die geeignet sind, eine vorzeitige Rißbildung zu verhindern. In jedem Falle ist schon im Entwurfsstadium eines Bauteiles darauf zu achten, daß Spannungskonzentrationsstellen möglichst vermieden werden. Dort, wo sie konstruktionsbedingt sind, sollte die Spannungsüberhöhung so gering gehalten werden, daß die vorgegebene Betriebszeit vom Bauteil erreicht wird.

Bereits beim Entwurf sind den Einflüssen, die bei der Herstellung und im späteren Einsatz auf das Bauteil einwirken, gebührende Beachtung zu schenken, um Anrißgefahren weitestgehend auszuschließen.

2. *Rißausbreitungsstadien*

Vielfach findet man Ermüdungsanrisse in Gleitbändern, die in den Ebenen maximaler Schubspannung sich gebildet haben. Innerhalb eines Kornes verläuft ein solcher Riß nahezu geradlinig, an Korngrenzen erfährt er entsprechend der unterschiedlichen Orientierung der benachbarten Kristallite eine Richtungsänderung. Die anfängliche Rißausbreitung, die etwa unter 45° zur Normalspannungsrichtung verläuft, wird als Rißstadium I bezeichnet. Das spätere Rißwachstum senkrecht zur angelegten Normalspannung zählt zum Rißausbreitungsstadium II.

Die Rißbildungsmechanismen und die Rißausbreitungsphase I sind verhältnismäßig wenig erforscht. Für die Praxis ist es im Hinblick auf die Erhöhung der Lebensdauer zyklisch beanspruchter Bauteile sehr wichtig, die zur Rißbildung führenden Vorgänge im Werkstoff zu klären und gleichzeitig nach Möglichkeiten für eine gänzliche Unterdrückung der Rißbildung oder Behinderung der Rißausbreitung zu suchen.

Das Rißausbreitungsstadium II ist größtenteils relativ bequem einer Beobachtung zugängig, das ist ein Grund, weshalb über dieses Stadium zahlreiche Aussagen vorliegen. Allein aus der makroskopischen Betrachtung der zu diesem Rißstadium zugehörigen Bruchfläche erhält man in vielen Fällen Hinweise über Rißbildungsstelle, Hauptrißausbreitungsrichtung, Belastungsart, Wechselbeanspruchungshöhe und Rißausbreitungsgeschwindigkeit. Auf Abb. 1 ist der Dauerschwingbruch eines oberflächengehärteten Holmes zu sehen, der unter Zugschwellbelastung stand. Die Abbildung läßt die am Holmumfang vorhandenen dunkleren Härteanrisse erkennen, von denen die Ermüdungsrißausbreitung begann. Beim Zusammenwachsen der anfänglichen Ermüdungsteilbruchflächen bilden sich die keilförmigen Absätze heraus. Deutlich sichtbar ist auch ein dunkler, nahezu geschlossener Ring auf der Ermüdungsbruchfläche. Dieser Ring, Rastlinie genannt, kommt durch verminderte Rißausbreitungsgeschwindigkeit zustande.

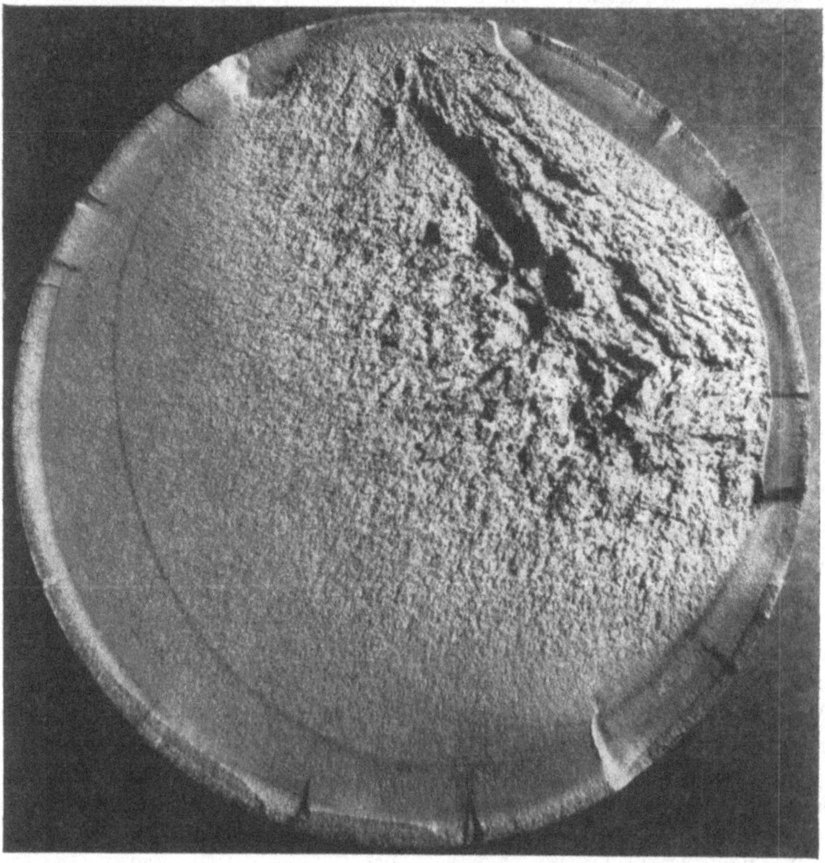

Abb. 1. Dauerschwingbruch eines oberflächengehärteten Holmes aus Ck 45 nach Zugschwellbeanspruchung (Holmdurchmesser 100 mm)

Mit dem bloßen Auge ist die Grobstruktur der Ermüdungsbruchfläche, die Faserung in Rißrichtung, wahrnehmbar. Die mikrofraktographische Auswertung der Bruchfläche erfolgt meist mit Elektronenmikroskopen. Die Faserung wird dabei als Blockstruktur (Modus A) mit Riefen, Bruchriefen oder auch Bruchlamellen genannt, senkrecht zur Rißrichtung aufgelöst (Abb. 2).

Mit größer werdender Ermüdungsbruchfläche steigt bei gleichbleibender äußerer zyklischer Beanspruchung die auf den Restquerschnitt einwirkende zyklische Spannung. Dadurch wird der Rißfortschritt beschleunigt, und die Bruchfläche erhält Scherbruchcharakter (Modus B) mit terrassenartigen Strukturen, auf denen Quer- und Längsriefen verlaufen. Man findet bei Modus A und B auch Sekundärrisse, die von Querriefen (Bruchriefen) ausgehend in das Bauteilinnere führen.

Amplitudenwechselversuche bekräftigen die Ansicht, wonach jede Bruchriefe während eines Lastwechsels erzeugt wird. Es ist zu vermuten, daß der Riefenabstand bzw. die Riefenhöhe von der Größe der Beanspruchung und dem

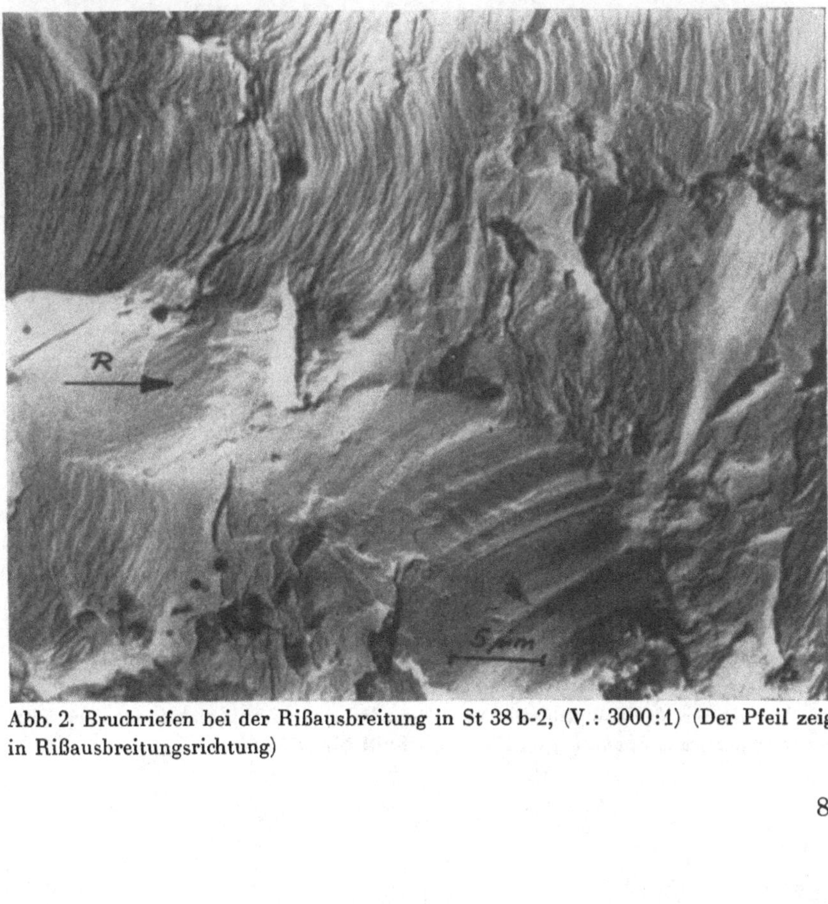

Abb. 2. Bruchriefen bei der Rißausbreitung in St 38 b-2, (V.: 3000:1) (Der Pfeil zeigt in Rißausbreitungsrichtung)

Verformungsverhalten des Werkstoffes abhängt. Gegenwärtig stehen systematische Untersuchungen hierzu noch aus. Über die Entstehung der Bruchriefen und damit über die Rißausbreitung existieren Modellvorstellungen, auf die hier nicht eingegangen werden soll, da sie noch verhältnismäßig unvollkommen sind.

3. *Rißausbreitungsmessungen*

Bislang wurden an zahlreichen Werkstoffproben Rißausbreitungsmessungen vorgenommen. Meistens sollte dabei lediglich die restliche Lebensdauer bzw. Resttragfähigkeit anrißbehafteter Bauteile festgestellt werden. Bei den Rißausbreitungsmessungen benutzt man vorzugsweise gekerbte Proben, um die Rißausbreitung an vorher festgelegter Stelle verfolgen zu können. Die Rißlängen werden meist optisch vermessen oder über die mit Hilfe elektrischer Geber

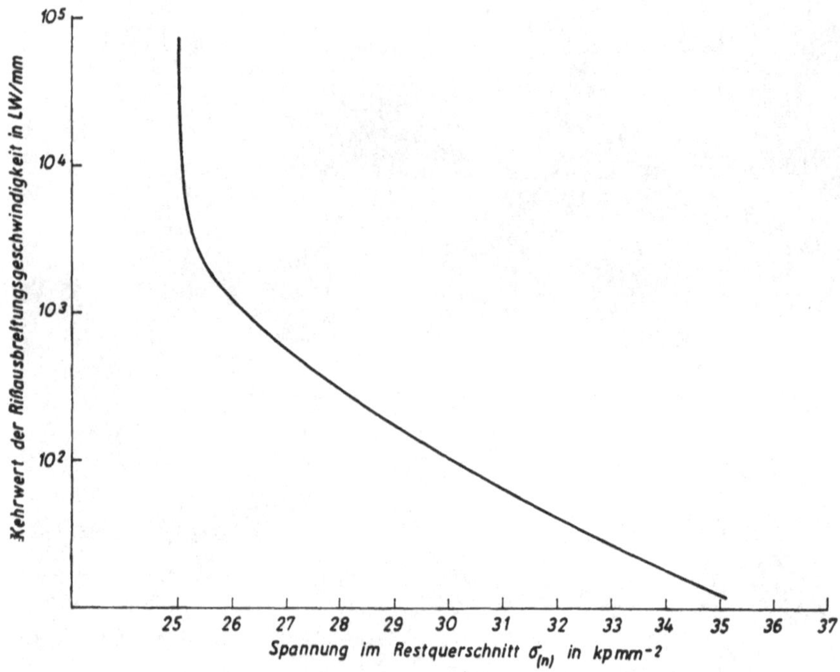

Abb. 3. Kehrwert der Rißausbreitungsgeschwindigkeit in Abhängigkeit von der mittleren rechnerischen Spannung im Restquerschnitt für St 45/60

bestimmten Rißaufweitung ermittelt. Es gelingt auch, die Rißlängen mit dem Potentialsonden-Verfahren zu erfassen. Die Ergebnisse zeichnet man zunächst in das Rißlängen/Lastwechsel-Schaubild ein. Die hieraus gewonnenen Rißausbreitungsgeschwindigkeiten werden danach entweder den Rißlängen oder den mittleren rechnerischen Spannungen für den jeweiligen Restquerschnitt nach n Lastwechseln gegenübergestellt. Aus der Auftragung von Ergebnissen der Rißausbreitungsmessungen an St 45/60 in Abb. 3 ist ersichtlich, daß zyklisch

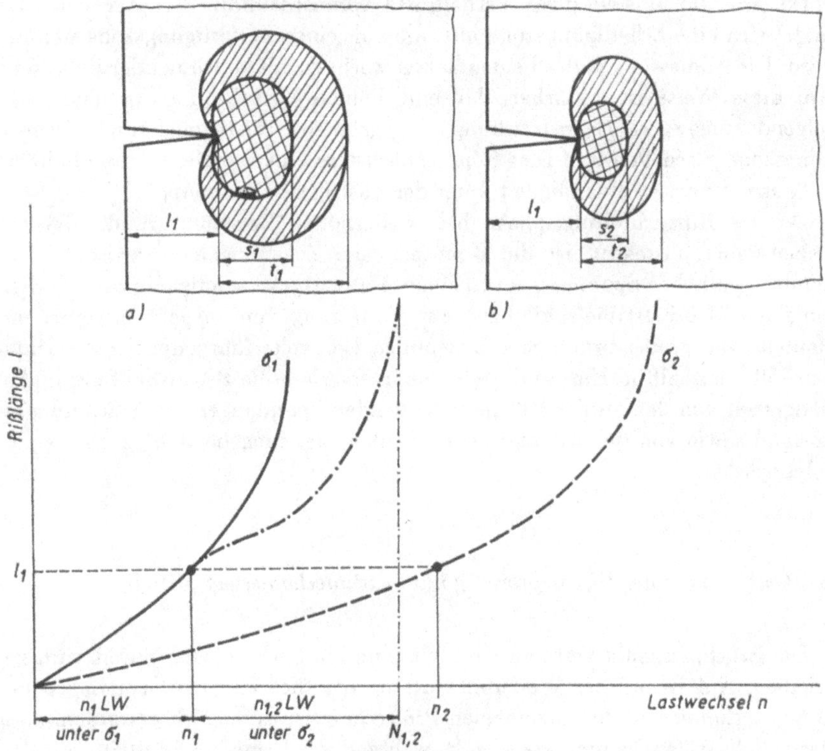

Abb. 4. Schematische Darstellung der Rißausbreitung bei Zweistufenbelastung

a) l_1, s_1, t_1: Rißlänge, Schädigungs- und Verfestigungszonenlänge unter σ_1 nach n_1 Lastwechsel

b) s_2, t_2: Schädigungs- und Verfestigungszonenlänge unter σ_2 für die nach n_2 Lastwechsel erreichte Rißlänge l_1

c) ——— Rißlänge unter σ_1 von $n = 0$ bis Bruch

— — — Rißlänge unter σ_2 von $n = 0$ bis Bruch

–·–·– Rißlänge unter σ_2 nach Vorbelastung unter σ_1 bis n_1

wirkende Spannungen $\sigma < 25\ kp/mm^{-2}$ den vorhandenen Ermüdungsanriß nicht vergrößern. Die Kenntnis der Rißausbreitungsgeschwindigkeit sowie dieser Spannungshöhe, bei der ein vorhandener Riß sich nicht ausbreitet, sind vor allem für sog. fail-safe-Konstruktion unerläßlich.

Da die meisten Bauteile unterschiedlichen zyklischen Spannungen ausgesetzt sind ,mußte u. a. auch die Rißausbreitung unter sog. Mehrstufenbelastungen verfolgt werden. Hierbei fand man, daß sich die Belastungsvorgeschichte beim Wechsel der Beanspruchungsstufe auf die weitere Rißausbreitung auswirkt. In Abb. 4 sind diese Verhältnisse veranschaulicht. Vor der Rißspitze bildet sich eine Schädigungszone aus, die von einer Verfestigungszone umhüllt wird. Die Abmessungen der beiden Zonen wachsen mit zunehmender Belastung. Auf diese Weise ist erklärbar, daß eine höhere Vorbelastung für eine nachfolgende niedrigere Beanspruchung eine größere Schädigungs- und Verfestigungszone geschaffen hat. Dies führt zunächst zu einer vergleichsweise höheren Rißausbreitungsgeschwindigkeit unter der niedrigeren Spannung.

Da die Rißausbreitungsphase bei wiederholter Belastung rund 90% der Lebensdauer ausmacht, ist die Kenntnis vom Zusammenhang zwischen wirkender zyklischer Spannung und Rißausbreitungsgeschwindigkeit zur Abschätzung der Bruchlastspielzahl, bzw. zur Festlegung von Inspektionszeiten der Bauteile von großer praktischer Bedeutung. Bei weiterführenden Untersuchungen sollte deshalb in Ein- und Mehrstufenversuchen die Rißausbreitung in Abhängigkeit von den an der Rißspitze wirkenden Spannungen, vom Ermüdungszustand sowie von der Art und Beschaffenheit des umgebenden Mediums verfolgt werden.

4. Beschreibung der Rißausbreitung mit bruchmechanischen Mitteln

Die Bruchmechanik wurde ursprünglich im Hinblick auf den Sprödbruch geschaffen. Auf Grund der Weiterentwicklung der theoretischen Grundlagen der Bruchmechanik und der allgemeinen Prüftechnik ist es möglich geworden, auch das stabile Rißwachstum, wie es z. B. während der Ermüdung auftritt, mit den Mitteln der Bruchmechanik zu untersuchen.

Entscheidend für die Rißausbreitung sind bei gegebener äußerer Belastung einschließlich der Umweltbedingungen die Verhältnisse vor der Rißspitze.

Dies trifft in gleichem Maße für die Ausbreitung des inelastischen Risses wie des Ermüdungsrisses zu. So bestehen sicher enge Beziehungen zwischen den im vorangegangenen Abschnitt erwähnten Verfestigungs- und Schädigungszonen bei der Ermüdungsrißausbreitung und der plastischen Zone bei den Betrachtungen der linearen Bruchmechanik. In beiden Fällen ist für den Rißfortschritt die Spannungsverteilung vor der Rißspitze von Bedeutung. Für die linear-elastische Rißausbreitung beschreiben die WILLIAM-IRWIN-Gleichungen die Spannungen σ_x; σ_y; τ_{xy} nahe der Rißspitze eines unendlich scharfen Risses der Länge 2L, wenn die Rißausbreitung in einer isotropen Werkstoffplatte in x-Richtung erfolgt. Diese Spannungen hängen linear vom Spannungsintensitätsfaktor $K = \sigma\sqrt{\pi L}$ ab; wobei σ die belastende Zugspannung ist. Die WILLIAM-IRWIN-Gleichungen gelten erst für einen genügend großen Abstand vor der Rißspitze.

In Rißspitzennähe überschreiten die lokalen Spannungen i. a. die Streckgrenze σ_s, so daß es zur Ausbildung einer plastischen Zone kommt. Nach MCCLINTOCK und IRWIN soll für den ebenen Spannungszustand die Größe der plastischen Zone

$$w = \frac{K^2}{\pi \sigma_s^2}$$

sein, während DUGDALE und MUSKELISHWILLI

$$w = \frac{\frac{\pi^2}{8} \cdot \left(\frac{\sigma}{\sigma_s}\right)^2 L}{1 - \frac{\pi^2}{8}\left(\frac{\sigma}{\sigma_s}\right)^2}$$

setzen.

Eine formale Übertragung dieser Gleichungen auf die Verhältnisse bei der Ermüdungsrißausbreitung ist nicht möglich; da die Spannungsverteilung vor der Rißspitze entscheidend vom Werkstoffzustand beeinflußt wird, der sich infolge der Ermüdungsbeanspruchung in Abhängigkeit von der zyklischen Belastungshöhe und -dauer verändert. Um hier weiterzukommen, müssen Spannungsmessungen vor der Rißspitze durchgeführt werden. Quantitative Angaben sind mit Hilfe röntgenographischer Spannungsanalysen möglich. Gleich wichtig ist es, die während der Ermüdung auftretenden Veränderungen der Werkstoffeigenschaften, z. B. Veränderung der Streckgrenze, Bruchdehnung, Kerbschlagzähigkeit usw. zu verfolgen und ihren Einfluß auf die Rißausbreitung nachzuweisen. Diese Werkstoffveränderungen beeinflussen auch die Ausbildung der Verfestigungs- und Schädigungszonen vor der Rißspitze.

Die Ergebnisse der Rißausbreitungsmessungen werden im Gegensatz zu der im Abschnitt 3 beschriebenen Verfahrensweise nunmehr so aufbereitet, daß die Rißausbreitungsgeschwindigkeit dl/dn in Abhängigkeit von der Änderung des

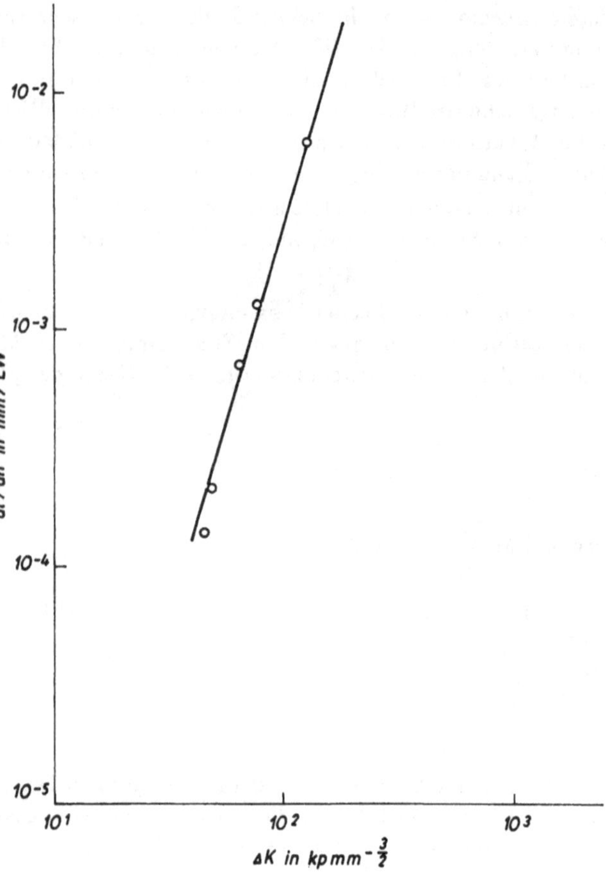

Abb. 5. Rißgeschwindigkeit als Funktion von ΔK für St 38 b-2, Probe 4

Spannungsintensitätsfaktors (ΔK) ablesbar ist, wobei

$$\Delta K = \Delta\sigma \sqrt{\pi\, lf}$$

mit f als ein Geometriefaktor gesetzt wird. Abb. 5 zeigt z. B. die Rißgeschwindigkeit als Funktion von ΔK für gekerbte Proben aus St 38 b-2. Hierzu muß ergänzend bemerkt werden, daß es keine einfache Beziehung zwischen dl/dn und ΔK gibt, die über den gesamten Bereich exakt anwendbar wäre.

Zu zwei bestimmten Rißgeschwindigkeiten aus Abb. 5 wurden von den betreffenden Bruchoberflächen rasterelektronenmikroskopische Aufnahmen (Abb. 6 u. 7) angefertigt. Man erkennt, daß mit zunehmender Rißgeschwindigkeit

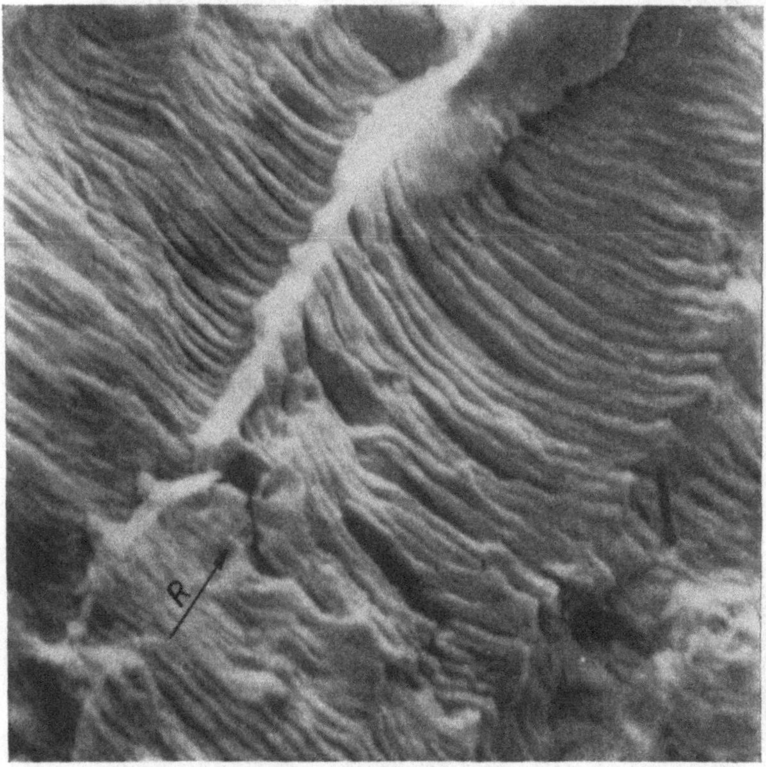

Abb. 6. Bruchbild von Probe 4 (St 38 b-2) bei
$l = 0{,}1$ mm; $dl/dn = 3{,}3 \; 10^{-5}$ mm/LW; $\Delta K = 88$ kp $mm^{-3/2}$; (V.: 3000:1)

die Bruchfläche stärker zerklüftet ist und die Flächenanteile mit den Bruchriefen kleiner sind. Eine derartige Zuordnung der Belastungsbedingungen und Rißausbreitungsgeschwindigkeiten zu den Bruchbildern erweitert den Aussageumfang der Fraktografie.

Die in diesem Abschnitt angedeutete Verfahrensweise, wonach die Methoden der Bruchmechanik auf die Rißausbreitung bei Ermüdungsbeanspruchung übertragen wurden, muß noch durch umfassende theoretische und experimentelle Untersuchungen abgesichert werden.

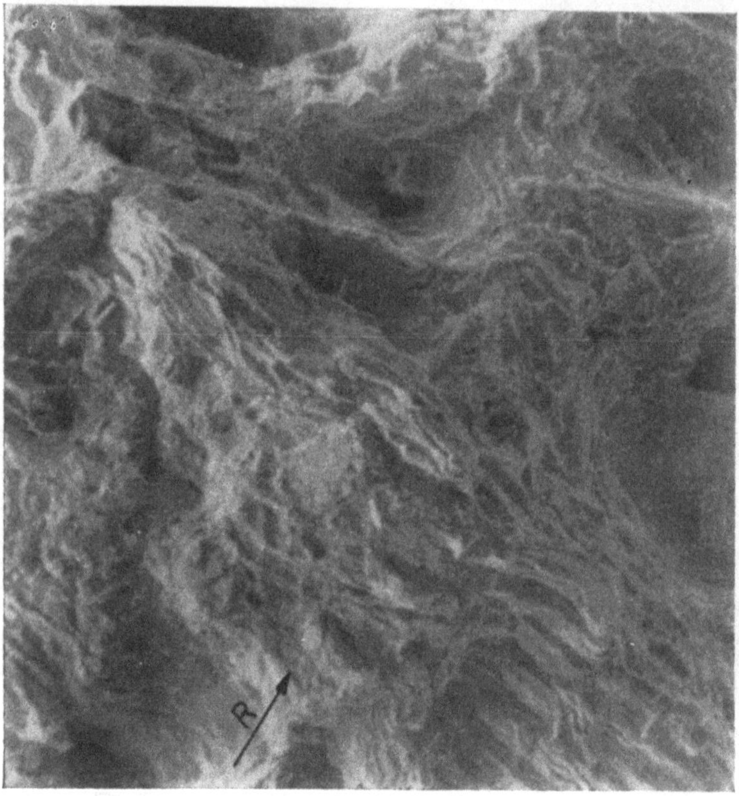

Abb. 7. Bruchbild von Probe 4 (St 38 b-2) bei
$l = 8{,}0$ mm; $dl/dn = 2.5\ 10^{-3}$ mm/LW; $\Delta K = 165$ kp $mm^{-3/2}$; (V.: 3000:1)

5. *Einflüsse auf die Rißausbreitung*

Die bisherigen Betrachtungen beschränkten sich auf die Beschreibung der Rißausbreitung bei mechanischer Wechselbeanspruchung unter normalen Umweltbedingungen. Es wurde im vorangegangenen Abschnitt festgestellt, daß die Rißausbreitungsgeschwindigkeit vom Werkstoff und von der Änderung des Spannungsintensitätsfaktors abhängt. Um Möglichkeiten für eine erwünschte

Behinderung der Rißausbreitung aufzuspüren, ist es angebracht, die Einflüsse auf die Ausbreitung von Ermüdungsrissen kennenzulernen. Als besonders maßgebende Einflußgrößen werden angesehen

— die mechanische Belastung
— die Bauteilbeschaffenheit und
— die Umwelt.

Die Bauteile und Proben werden entweder form- oder kraftänderungsschlüssig beansprucht. Die auf das Bauteil einwirkende zyklische Belastung setzt sich aus dem Ruhelastanteil und der Belastungsamplitude zusammen. Bei niedriger zyklischer Belastung beginnt die Rißbildung an wenigen Stellen des Bauteiles, und bei der Rißausbreitung herrscht der Modus A vor. Die Bruchriefen besitzen hierbei nur eine geringe Höhe.

Mit zunehmender zyklischer Belastung erhöht sich die Zahl der Anrisse, so daß nahezu gleichzeitig mehrere Ermüdungsteilbruchflächen in das Bauteilinnere wachsen, und die Rißausbreitung erfolgt bevorzugt nach Modus B, wobei die Bruchriefenhöhe mit wachsender Belastung größer wird.

Während die Oberflächenbeschaffenheit der Bauteile vorrangig auf den Rißbeginn Einfluß hat, wirkt sich die Werkstoffbeschaffenheit auf die Rißausbreitung aus. Im allgemeinen läßt sich sagen, daß unter sonst gleichen Bedingungen in spröden Werkstoffen höhere Rißgeschwindigkeiten auftreten als in zähen.

Zahlreiche Aluminiumlegierungen und Stähle weisen Einschlüsse und Ausscheidungen auf, die die Rißausbreitung fördern, u. U. aber auch hemmen können; ausschlaggebend hierfür sind die Verformungsverhältnisse zwischen Matrix und Einschluß. Spröde Teilchen brechen leicht, noch bevor die Rißspitze sie erreicht hat; dadurch wird die Rißausbreitung beschleunigt. Das gleiche gilt, wenn der Riß um den Einschluß herumläuft und ein Trennbruch zwischen Matrix und Teilchen zustande kommt. Erfolgt dagegen zwischen Matrix und Einschluß unter der Einwirkung des herannahenden Risses eine Aufweitung, so wirkt dieser Hohlraum bei ausreichendem Radius als „Rißstopper“.

Die gegebenenfalls bereits vor der zyklischen Belastung vorhandenen oder die während der Ermüdung sich bildenden ausscheidungsfreien Zonen sind Bereiche, in denen bevorzugt Risse entstehen und sich auch schnell ausbreiten.

Systematische Untersuchungen über die Beeinflussung der Rißausbreitung durch die Werkstoffstruktur sowie durch die infolge Ermüdung eintretenden Werkstoffveränderungen sind künftig in weit größerem Ausmaß als bisher durchzuführen.

Zur Bauteilbeschaffenheit gehört auch der Oberflächenzustand. Insbesondere tritt bei kerbempfindlichen Werkstoffen der Einfluß der Oberflächenrauhigkeit stark hervor. Um diesen lebensdauermindernden Einfluß auszuschließen, müßten alle Bauteiloberflächen poliert werden. Dies ist aus mancherlei Gründen nicht möglich und auch nicht erforderlich, da es sich gezeigt hat, daß durch geeignete Oberflächenbehandlung, wie z. B. das Kugelstrahlen, Nitrieren, eine teilweise recht beachtliche Erhöhung der Lebensdauerwerte, d. h. eine verzögerte Rißbildung, erreicht wird. Als Ursache hierfür werden die durch entsprechende Behandlung in der Oberfläche erzeugten Druckeigenspannungen angesehen.

Es ist bekannt, daß Korrosionsvorgänge während der Ermüdungsbeanspruchung die Lebensdauer des betreffenden Bauteiles stark herabsetzen. Unter mechanischer Wechselbelastung und bei gleichzeitiger Anwesenheit eines korrosiven Mediums existiert auch bei Stählen keine Dauerschwingfestigkeitsgrenze mehr. Die Beeinflussung der Metalle durch das umgebende Medium ist um so intensiver, je niedriger die Wechselbeanspruchung und je kleiner die Beanspruchungsfrequenz ist. Wie Vergleichsversuche im Vakuum beweisen, wirken selbst die Atmosphärilien schädigend auf Metalle während der Wechselbeanspruchung ein. Die einzelnen Bestandteile der Luft haben dabei unterschiedlichen Einfluß; so erreichen z. B. Kupferproben in trockener Luft nur 10% der Lebensdauer gegenüber im Vakuum bei 10^{-6} Torr. Während bei Kupfer vor allem der Sauerstoff schädigt, ist dies bei Aluminiumlegierungen der Wasserstoff. Vermutlich muß ein ausreichend großer Partialdruck des betreffenden Gases vorhanden sein, um während der Zugphase eines Lastwechsels an den neuentstandenen Oberflächen bei der Rißausbreitung eine Adsorptions- oder Oxidschicht zu bilden, die die Bindungsenergie der Metallatome in dieser Schicht verringert.

Das gleiche wird beobachtet, wenn oberflächenaggressive Medien auf wechselbeanspruchte Bauteile einwirken. Derartige Medien beeinflussen nicht nur die Rißausbreitung, sondern auch die Rißbildung. Die rißbildungs- und rißausbreitungsfördernde Wirkung der schädigenden Medien kann man durch spezielle Schutzschichten weitestgehend ausschließen oder verzögern, wenn vor dem Aufbringen dieser Schichten auf die Bauteiloberfläche derartige Medien noch nicht vorhanden sind. So erreichen z. B. in geeigneter Weise plastbeschichtete Proben i. a. eine mehrfache Lebensdauer gegenüber unbeschichteten.

Bemerkenswert ist der Unterschied in der Bruchflächentopographie bei der Rißausbreitung in Vakuum und in Luft. Während bei Rißausbreitung unter normalen Umweltbedingungen die Bruchriefen auftreten, werden solche Riefen bei der Rißausbreitung im Vakuum nicht beobachtet.

6. Abschließende Bemerkungen

In diesem Einführungsvortrag über die Ermüdungsrißausbreitung wurde davon ausgegangen, daß während des Ermüdungsprozesses strukturelle Werkstoffveränderungen eintreten, die zur Rißbildung führen. Nach einer Aufzählung der Bauteilstellen, an denen bevorzugt Rißbildung auftritt, wurde einiges über die Rißausbreitung unter mechanischer Wechselbeanspruchung gesagt. Es war das Anliegen dieses Vortrages, neben der Vermittlung der wesentlichsten Erkenntnisse Anregungen für weitere Untersuchungen über die Ermüdungsrißausbreitung zu geben. Das Ziel derartiger Untersuchungen sollte die Erhöhung der Einsatzzeit bzw. die Verbesserung der Schwingfestigkeit zyklisch belasteter Bauteile sein. Auf Möglichkeiten zur Einschränkung der Zahl der potentiellen Rißbildungsstellen sowie zur Verzögerung der Rißbildung und Rißausbreitung wurde hingewiesen.

Die Erschließung aller Möglichkeiten zur Erhöhung der Ermüdungsfestigkeit ist eine lohnende Aufgabe.

Weitere Grundlagenuntersuchungen, die zu einer praktikablen Ermüdungsbruchmechanik führen, sind unerläßlich.

Autorenverzeichnis

Bethge, Heinz, Ordentliches Mitglied der Akademie der Wissenschaften der DDR

Kuna, Meinhard, Dipl.-Phys., Institut für Festkörperphysik und Elektronenmikroskopie, Halle

Lange, Werner, Ordentliches Mitglied der Akademie der Wissenschaften der DDR, Vorsitzender der Klasse Werkstofforschung

Schlät, Friedrich, Dr., Zentralinstitut für Festkörperphysik und Werkstoffforschung, Dresden

Schmidt, Gerhard K., Prof. Dr. habil., Pädagogische Hochschule Dresden, Sektion Physik

Schmidt, Volker, Dr., Institut für Festkörperphysik und Elektronenmikroskopie, Halle

Schott, Günter, Prof. Dr. habil., Technische Universität Dresden, Sektion Grundlagen des Maschinenwesens

FSC
www.fsc.org
MIX
Papier | Fördert
gute Waldnutzung
FSC® C083411

Zeitfracht Medien GmbH
Ferdinand-Jühlke-Straße 7
99095 Erfurt, Deutschland
produktsicherheit@kolibri360.de